Anatomie verstehen

GESUNDHEITSFÖRDERND REITEN

GILLIAN HIGGINS

MIT STEPHANIE MARTIN

KOSMOS

Aus dem Englischen übersetzt von Heike Listmann.
Titel der Originalausgabe: Posture and Performance
erschienen bei Kenilworth Press unter ISBN 978-1-910016-00-8 .

www.HorsesInsideOut.com

Bildnachweis

Alle Bildrechte liegen bei Gillian Higgins – Copyright 2015 – außer:
S. 8, 10, 15 unten links, 26 oben, 27 oben, 30 oben rechts, 46, 50, 53 unten rechts, 54 unten rechts, 56 unten, 58 unten links, 62 oben rechts, 71 oben, 72 oben rechts, 79 oben, 86 oben, 89 unten, 96 oben, 106 unten rechts, 108 unten links, 109 unten links, 112 unten, 116, 117 unten, 118, 121, 124 oben, 126, 127 oben, 129 unten, 142 oben links und oben rechts, 143 oben rechts, 145, 147, 150 unten rechts, 155 sowie 161 oben: Helen Richmond Photography (www.helenrichmondphotography.com), S. 61 oben und unten rechts, 68 unten, 84 unten rechts, 90 oben, 91 oben, 92, 93 oben, 94, 95, 100 oben, 107 oben, 109 oben links, 124 unten, 133, 135, 143 unten, 144 rechts und 146 links: Steve Russell (www.steverussellstudios.com), S. 3 oben rechts, 28, 31 oben, 39 oben, 43, 44 unten, 51, 56 oben, 76 unten, 99, 101 unten rechts, 102 oben, 103 unten links, 142 unten, 159 und 166: Matthew Roberts (www.matthewrobertsphotographer.co.uk), S. 73 unten rechts, 74 unten rechts, 75 oben und Mitte, 79 unten rechts sowie 157: Jane Douglas, S. 31 unten, 58 oben rechts: Mariana Larrobla, S. 97: Claire Cheyne

Impressum

Umschlaggestaltung von Gramisci Editorialdesign, Cornelia Sekulin, München
unter Verwendung eines Farbfotos von Matthew Roberts.

Mit 350 Farbfotos und 20 Farbzeichnungen.

Gedruckt auf chlorfrei gebleichtem Papier
Für die deutschsprachige Ausgabe:

ISBN 978-3-440-14459-6
Fachlektorat: Heike Listmann
Redaktion: Katja Pauls
Gestaltung und Satz: DOPPELPUNKT, Stuttgart
Produktion: Nina Renz
Druck und Bindung: FIRMENGRUPPE APPL, aprinta druck, Wemding
Printed in Germany / Imprimé en Allemagne

FSC www.fsc.org MIX Papier | Fördert gute Waldnutzung FSC® C004592

Inhalt

TEIL 1 Prinzipien des Trainings

In diesem Teil geht es um die anatomischen Grundlagen und die Prinzipien anatomisch korrekten Trainings, um die Bedeutung einer guten Haltung sowie um Asymmetrien und ihre Kompensationsmuster.

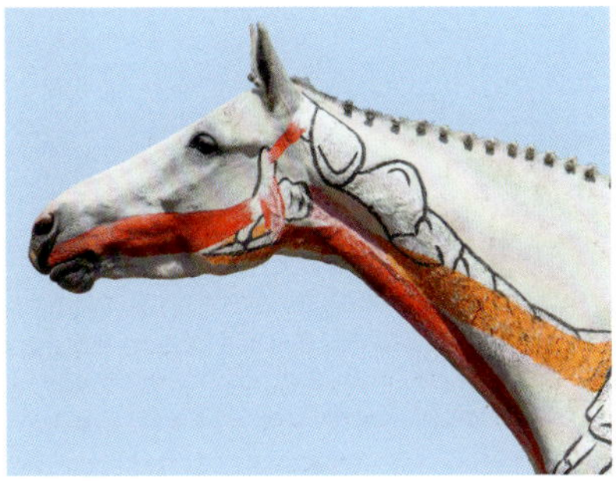

TEIL 2 Gesundheitsfördernd trainieren

Einige Anregungen zum Verbessern von Haltung, Gängen, Beweglichkeit, Kernstabilität und Gesundheit des Bewegungsapparats.

Danksagung

Ich danke den Reitern Matt Frost, Laura Tomlinson, Molly Brown, Jenny Brown und Nathan Bull. Danke an alle Helfer der Elms Farm und alle, die mir erlaubt haben, ihre Pferde zu bemalen. Ohne sie gäbe es dieses Buch nicht. Ein besonders großer Dank gebührt Adam Kemp, der so großzügig seine Zeit und sein technisches Wissen einsetzte, um sich akribisch durch das Manuskript zu lesen. Und schließlich ein großes Lob an meine geduldigen, liebenswerten Pferde First Edition und Freddie Fox.

Danke auch an folgende Menschen, die Fotos für dieses Buch gemacht haben: David Higgins, Helen Richmond, Matthew Roberts, Steve Russell sowie Alan und Jane Douglas.

Über die Autorinnen

GILLIAN HIGGINS ist Sport- und Physiotherapeutin für Pferde und Menschen, Coach und Vielseitigkeitsreiterin mit einer Leidenschaft für Pferdeanatomie und anatomische Kunst. Als führende Expertin auf ihrem Gebiet gründete sie „Horses Inside Out". Diese einzigartige Organisation erlaubt Reitern, Trainern, Studenten und Therapeuten einen faszinierenden Einblick in Training, Management und Wohlergehen ihrer Pferde durch das Verständnis der anatomischen, physiologischen und biomechanischen Grundlagen. Ihre mitreißenden, lebendigen Vorträge sind weltweit gefragt. Gillian gibt Kurse in Anatomie und Biomechanik, Sezierkurse für Therapeuten, Massage- und Stretchingkurse für Pferdebesitzer sowie Tageskurse an Schulen und Universitäten oder Abendkurse für jedermann. Es sind bereits mehrere Bücher und zwei DVDs von ihr erschienen.

STEPHANIE MARTIN hat schon von ganz klein auf mit Pferden zu tun und ein großes Interesse an ihrem Wohlergehen. Durch ihr Faible für Literatur und ihr Sprachtalent hat sie viele Artikel für verschiedene Zeitschriften geschrieben und einen großen Anteil an der Entstehung der Texte für dieses Buch.

Pferde bemalen

Alle in diesem Buch gezeigten Bilder wurden von der Autorin entworfen und auf die Pferde gemalt. Es dauert zwischen vier und sechs Stunden, ein Pferd zu bemalen, je nach Komplexität der anatomischen Strukturen. Die verwendete Farbe ist auf Wasserbasis, ungiftig und völlig unschädlich.

Nützliche Fachbegriffe

Abduktion: Das Bein wird seitlich vom Körper weggeführt.

Adduktion: Das Bein wird zur Körpermitte hin und darüber hinaus geführt.

asymmetrische Gangart: Eine Gangart, in der die Bewegungen der Beine auf der einen Körperseite nicht von denen auf der anderen Seite wiederholt werden, zum Beispiel der Galopp.

Atrophie: Gewebeverlust, zum Beispiel Schwund von Muskelmasse, und dadurch Funktionsverlust.

distal: weiter vom Rumpf entfernt (Gegenteil von proximal)

dorsal: Richtung Rücken gelegen (Gegenteil von ventral)

Kadenz: Beschreibt, wie weit ein Pferd seine Hufe vom Boden löst. Entsteht durch die Kombination aus Rhythmus, Schnellkraft und Schwung.

kaudal: in Richtung Schwanz

kranial: in Richtung Kopf

myofaszial: den Skelettmuskel und seine umgebende Faszie betreffend

neural/neuronal: die Nerven betreffend

Propriozeption: Lagesinn, über den das Pferd die Position seines Körpers im Raum wahrnimmt.

Protraktion: Vorwärtsführen des Beins; die Schwungphase eines Schrittes vom Heben des Hufes bis kurz vor das Wiederaufsetzen.

proximal: dem Rumpf näher liegend (Gegenteil von distal)

Retraktion: Stützphase eines Schrittes, in der das Bein nach hinten geführt wird; sie beginnt, wenn der Huf den Boden berührt und endet beim Wiederanheben.

Rotation: Drehung um eine Achse

Schwungphase: Schrittphase, in der der Huf nicht am Boden ist.

Stützphase: Schrittphase, in der sich der Huf am Boden befindet. Sie wird wiederum in verschiedene Phasen unterteilt:

1. Abbremsen des Aufpralls: Das Bein ist vor der Senkrechten.
2. Gewichtsaufnahme: Das Bein nimmt das Körpergewicht auf.
3. Stützen: Wenn die senkrecht wirkende Kraft am größten ist.
4. Abfußen: Vom Moment, indem der hintere Hufrand den Boden verlässt, bis zum Heben des Vorderrands.

symmetrische Gangart: Gangart, in der die Beinbewegungen einer Seite von der anderen mit einer halben Schrittlänge Verzögerung wiederholt werden, zum Beispiel Schritt und Trab.

Takt: Regelmäßigkeit der Schritte und Tritte in der jeweiligen Gangart.

Übertreten: Wenn die Hinterhufe über die Spur der Vorderhufe hinaustreten.

ventral: Richtung Bauch gelegen (Gegenteil von dorsal)

Vorwort

von **Adam Kemp**

Das erste Mal traf ich Gillian, als wir beide unabhängig voneinander durch die Royal Horse Society eingeladen wurden, einen Vortrag am Hartpury College zu halten. Ihre grenzenlose Begeisterung und tiefgehende Kenntnis der Wechselwirkung zwischen Anatomie und Biomechanik einerseits und dem Training andererseits haben mich sofort beeindruckt.

Ich habe viele Jahre lang Pferde und Reiter mit dem Ziel trainiert, beider Leistung immer weiter zu verbessern. Gillian hat mir sehr dabei geholfen, die anatomischen Möglichkeiten des Pferdes zu verstehen und in meine Trainingsmethoden einfließen zu lassen.

Zu wissen, was ein Pferdekörper leisten kann, ist sehr wichtig, wenn wir ein Trainingsprogramm entwerfen wollen, mit dem das Pferd sein Bestes leisten kann. Dieses Buch hilft Ihnen zu verstehen, welche Auswirkung jede Übung und jede Trainingsphase auf den Körper Ihres Pferdes hat. Um die Leistung Ihres Pferdes zu verbessern, müssen Sie zuerst seine Bedürfnisse analysieren und dann ein systematisches Trainingsprogramm entwerfen, in dem es lernt, gymnastiziert und gekräftigt wird. Gillian hilft Ihnen dabei, das Konzept zu verstehen und die Theorie schrittweise in die Praxis umzusetzen.

Nach einer sehr umfangreichen Ausbildung in der praktischen Pferdeausbildung empfand ich es als sehr bereichernd und spannend, etwas über die biomechanischen Möglichkeiten des Pferdeathleten zu lernen. Dieses Wissen hat zwar nicht verändert, woran ich glaube und was ich tue, doch es hat mir sehr viel mehr Freude daran geschenkt, Pferdeathleten in ihrer Entwicklung voranzubringen. Ich glaube daran, die Möglichkeiten jedes Pferdes durch Ausbildung und körperliche Entwicklung maximieren zu können, und das Verständnis der physiologischen Aspekte dieses Prozesses lässt mich bei dieser Herausforderung noch mehr vor Bewunderung staunen.

Dieses Buch wird Ihnen helfen zu verstehen, was Sie eigentlich erreichen wollen und weshalb sich der Erfolg vielleicht noch nicht eingestellt hat. Ihr Trainingserfolg wird Sie entzücken und Sie werden Ihre Misserfolge nachvollziehen können. Durch systematisches Analysieren werden Sie sehen, weshalb manche Dinge funktionieren und manche nicht.

Ein Pferd so zu trainieren, dass es das Beste aus sich herausholen kann, ist eines der herausforderndsten und lohnendsten Dinge, die ich je getan habe. Manches wird dabei schief gehen, doch bedenken Sie: Sie sind der intelligentere Part des Pferd-Reiter-Teams. Ihr Pferd hat immense körperliche Kraft, während Ihre Kraft in Ihrem Kopf steckt. Nutzen Sie sie weise, um es auf Ihre Seite zu bringen. Pferde sind keine Maschinen. Nutzen Sie dieses Buch, um die Herausforderung anzunehmen und reich belohnt zu werden. Ich wünsche Ihnen viel Freude an diesem Buch und an Ihrem Pferd.

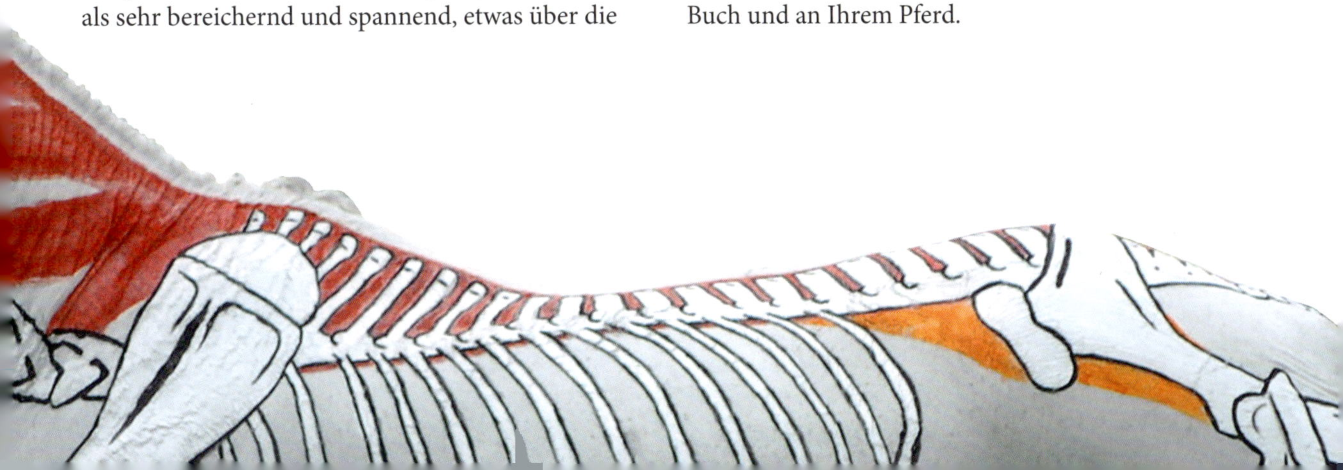

Einleitung

Dieses Buch ist erfrischend anders! Es zeigt Reitern, wie sie durch ein Verständnis der Anatomie, Biomechanik und Physiologie ihres Pferdes sowie der Trainingsprinzipien aus anatomischer Perspektive besser entscheiden können, wie sie ihr Pferd reiten, trainieren und managen. Durch dieses Wissen können sie ihr eigenes Potenzial und das ihres Pferdes voll ausschöpfen, ihre Fähigkeiten verbessern, ihre Ziele erreichen und dadurch mehr Erfolg, Zufriedenheit und Freude gewinnen.

Dieses Buch zeigt Reitern, wie sie zum persönlichen Trainer ihres Pferdes werden, sich um seine Muskulatur und jeden Aspekt seines Wohlbefindens kümmern können, besonders um seine Körperhaltung. Es zeigt, wie man einfühlsam, sensibel und immer mit den Interessen des Pferdes im Blick trainieren kann.

Unser heutiges Pferd ist ein Athlet. Wir bringen es ständig an die Grenzen seiner körperlichen Möglichkeiten. Ständig heben wir die Anforderungen. Es soll schneller rennen, höher springen und immer kompliziertere Bewegungsabläufe meistern, die ihm oft scheinbar unerreichbare Geschicklichkeit, Kraft und Balance abverlangen – das alles mit einem Reiter auf seinem Rücken. Dafür muss es fit, beweglich, stark, entspannt und psychisch gut vorbereitet sein. Wir Reiter trainieren oft im Fitnessstudio. Das Fitnessstudio unseres Pferdes besteht aus Reitplatz, Feld und Flur, Hügeln und Tälern.

Die allgemein anerkannte deutsche Skala der Ausbildung ist ein bewährtes Trainingssystem, entwickelt, um die natürlichen körperlichen und psychischen Fähigkeiten des Pferdes zu maximieren. Reiter, die diese Prinzipien in Verbindung mit einem umfassenden Verständnis der Anatomie und Biomechanik umsetzen, werden sich an einem gut ausgebildeten, gehorsamen, geschmeidigen und bequemen Pferd erfreuen, das ohne Widerstand in jeder Situation kooperiert. Dies gilt für alle Pferde, unabhängig von ihrer Rasse oder ihrer Verwendung. Die sechs Prinzipien der Skala sind:

- Takt und Gleichmäßigkeit der Schritte,
- Geschmeidigkeit, Losgelassenheit und Spannkraft,
- Anlehnung, Akzeptieren von Gebiss und Hilfen,
- Schwung,
- Geraderichtung und gleichmäßiger Kontakt an beiden Zügeln,
- Versammlung, vermehrtes Untertreten und Balance.

Alle Stufen sind voneinander abhängig und obwohl jede Stufe gründlich gefestigt werden sollte, bevor man zur nächsten übergeht, müssen sie auch in ihrer Gesamtheit betrachtet werden. Dieses Buch erklärt das Thema anhand vieler Bilder und in leicht verständlicher Form. Es ist nicht als Trainingshandbuch gedacht, sondern soll zum Nachdenken anregen und Einblicke in die anatomischen Prinzipien des Trainings und der korrekten Haltung geben sowie uns alle ermutigen, unsere eigenen Fähigkeiten zu verbessern, um das Beste für unser Pferd zu erreichen.

1 TEIL

Prinzipien des Trainings

In diesem Teil geht es um die anatomischen Grundlagen und die Prinzipien anatomisch korrekten Trainings, um die Bedeutung einer guten Haltung sowie um Asymmetrien und ihre Kompensationsmuster.

1 Prinzipien der Anatomie

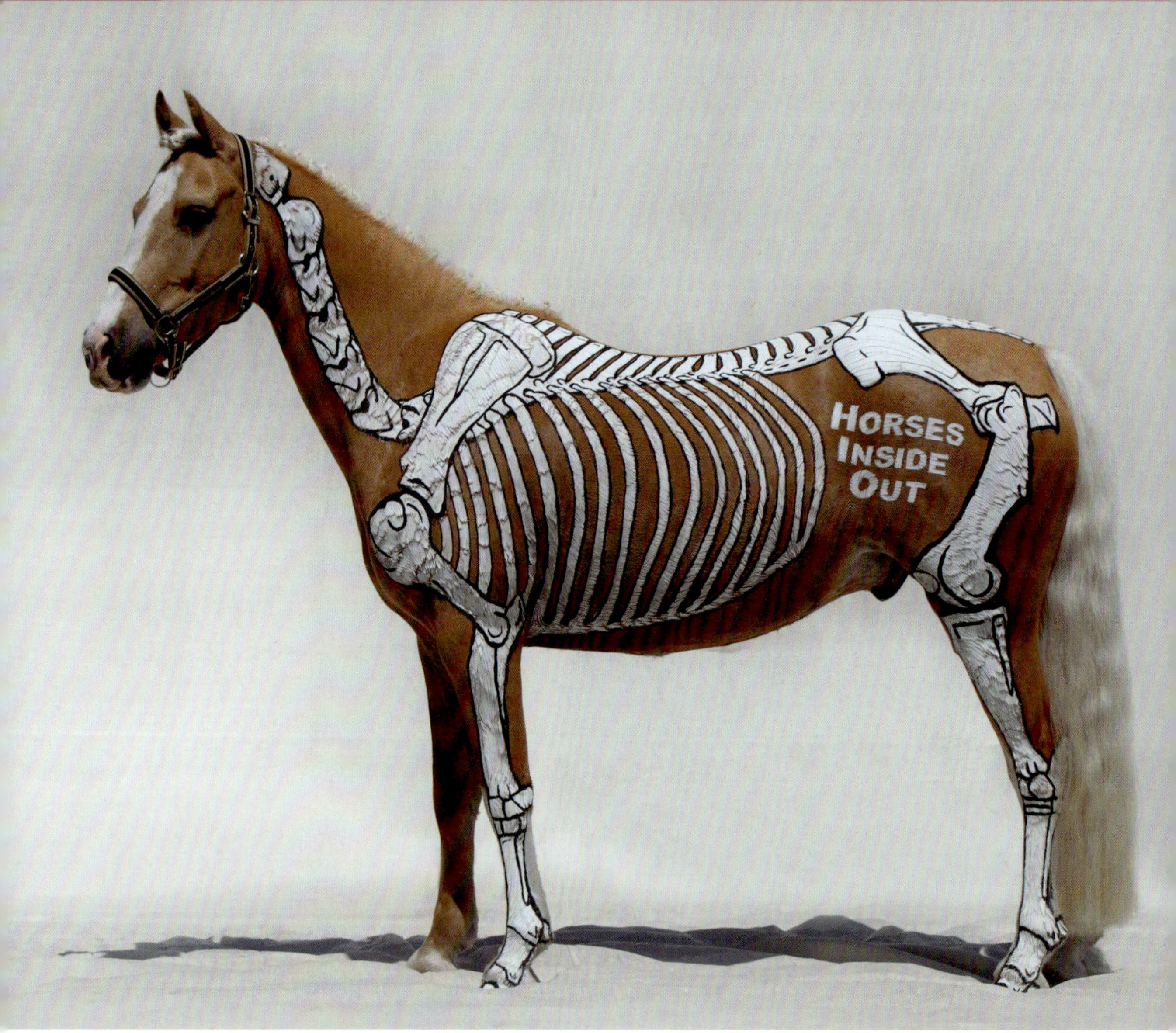

Die Anatomie ist die Lehre von den Körperstrukturen und der Beziehung aller Körpersysteme zueinander. Anatomische Kenntnisse sind für jeden Reiter, Ausbilder und Pferdesportler äußerst wichtig. Sie erlauben uns, die Dynamik der Bewegungen zu verstehen und unser Pferd sich unter dem Reiter frei bewegen zu lassen, ohne Gelenke, Sehnen und Bänder übermäßig zu belasten. Das Verständnis der Anatomie macht aus einem guten Reiter, Ausbilder, Therapeuten, Sattler oder Hufschmied einen exzellenten. Es ist entscheidend für das Erreichen des Leistungsoptimums und für das Verständnis der Grenzen Ihres Pferdes.

Dieses Kapitel erläutert die wichtigsten Strukturen des Skeletts, die Faszien und die Muskelfunktion, ebenso wie die Bedeutung der Muskelketten.

Wirbelsäule

Die Wirbelsäule ist ein komplexes Gebilde aus Wirbeln, Bandscheiben, starken Bändern und Gelenken. Als Brücke zwischen Vor- und Hinterhand leitet sie den Schub von hinten nach vorne und trägt das Gewicht des Verdauungstrakts ebenso wie das Gewicht des Reiters. Sie besteht aus fünf Abschnitten. Alle Wirbel haben zwar die gleichen Strukturen, doch ändert sich deren Form jeweils am Übergang zum nächsten Abschnitt.

Jeder Wirbel hat Vorsprünge, an denen Muskeln und Bänder ansetzen, und durch jeden läuft der Wirbelkanal, in dem sich das Rückenmark befindet. Letzteres überträgt Signale zwischen dem Gehirn und dem Rest des Körpers.

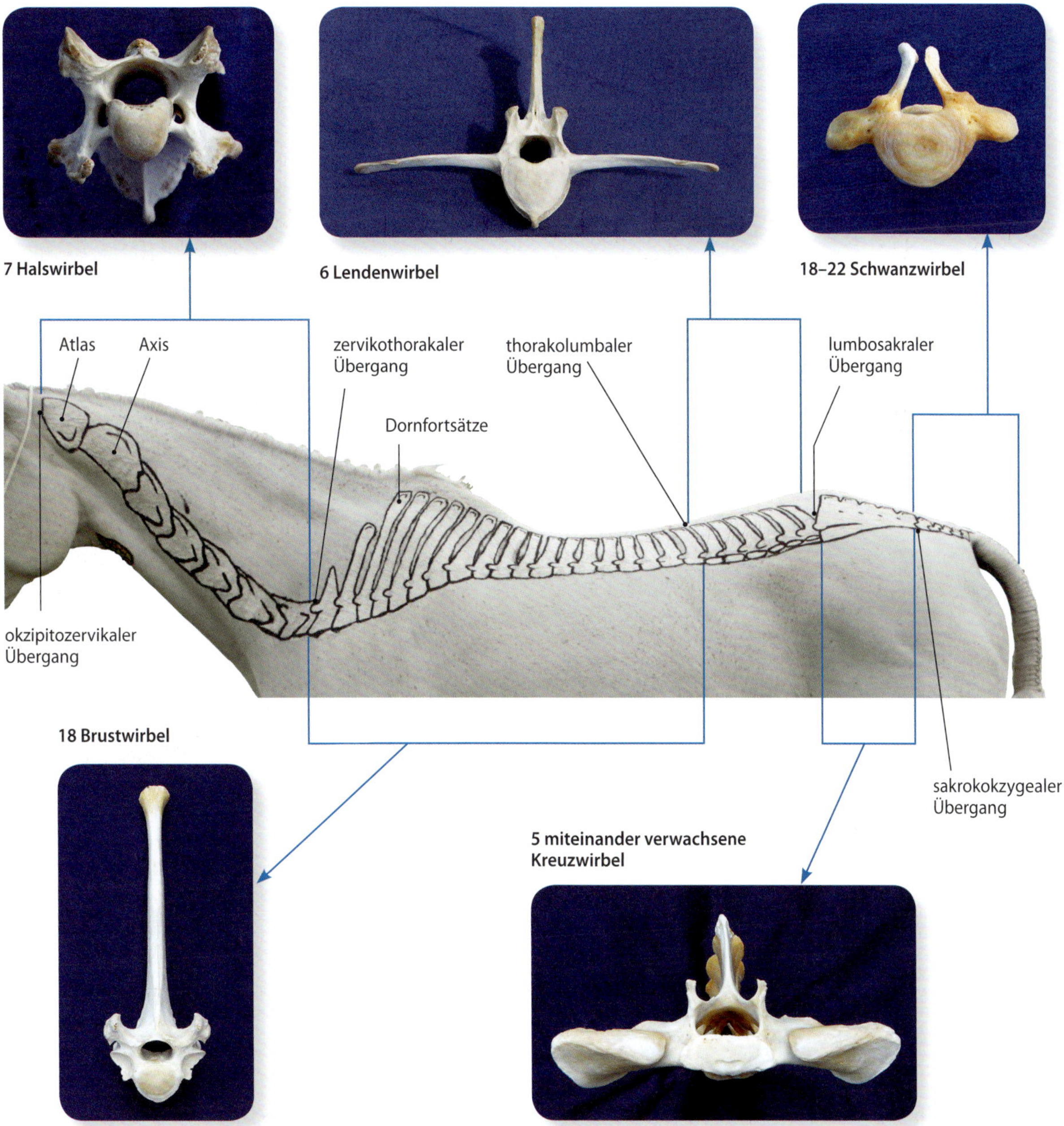

Eine selten beachtete, aber sehr aufschlussreiche Ansicht der Wirbelsäule.

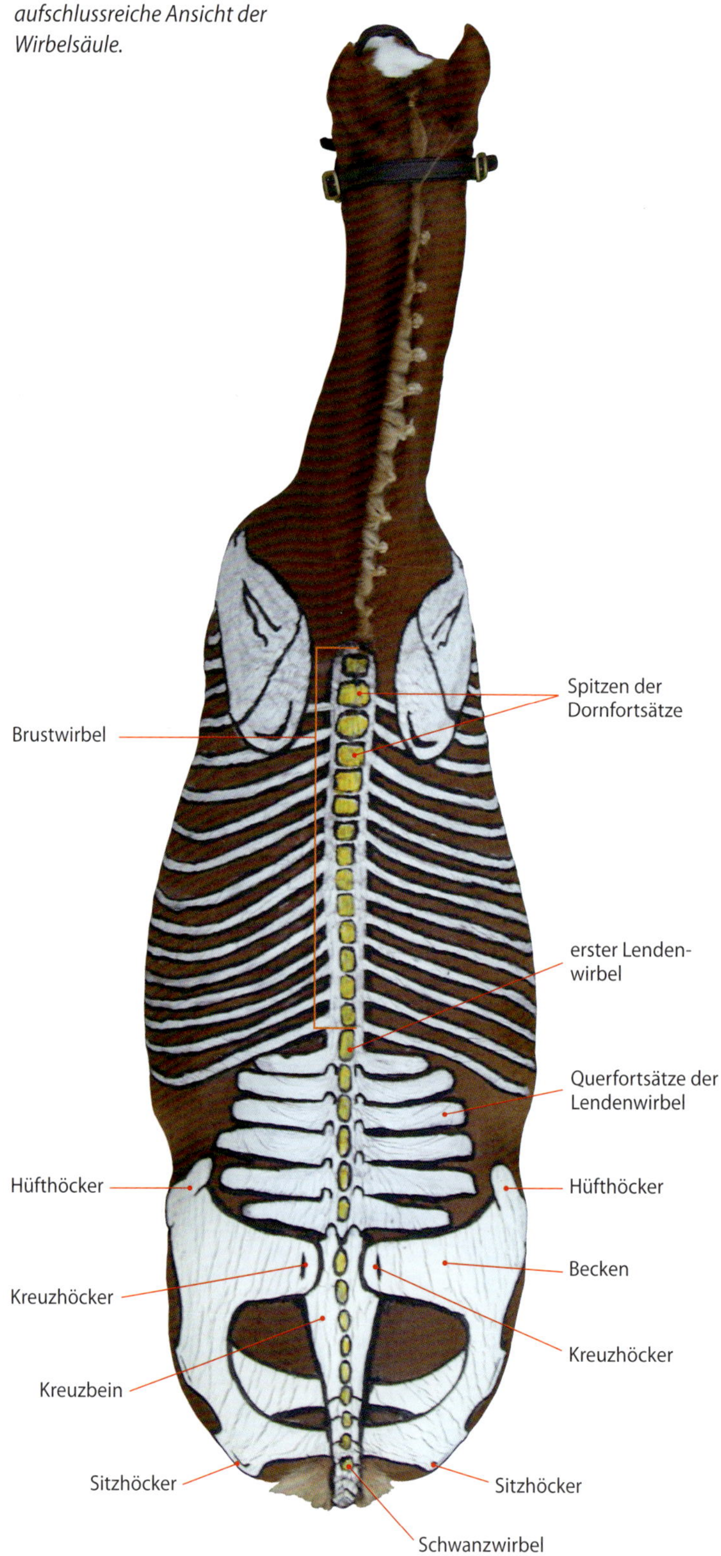

18 Rippenpaare entspringen jeweils zwischen zwei benachbarten Brustwirbeln. Sie unterstützen den Rücken und tragen zur Biegung des Pferdes bei. Es gibt:

- acht echte Rippen, die direkt mit dem Brustbein verbunden sind und als Stützrippen gelten.
- zehn falsche Rippen, die über Knorpel und Bindegewebe mit dem Brustbein verbunden sind. Da in dieser Region mehr Beweglichkeit möglich ist, werden sie auch Atmungsrippen genannt.

Die sechs Lendenwirbel mit ihren charakteristischen langen, breiten Querfortsätzen schützen die darunterliegenden Organe, dienen als Ansatzfläche für Muskeln und erhöhen die Stabilität. Da die Lendenwirbel nicht durch Rippen unterstützt werden, ist es wichtig, dass Sattel und Reitergewicht über den Rippen liegen. Der Brust- und Lendenwirbelbereich der Wirbelsäule ist wenig biegsam und erlaubt nur wenig Streckung, Beugung, seitliche Biegung und Rotationsbewegungen.

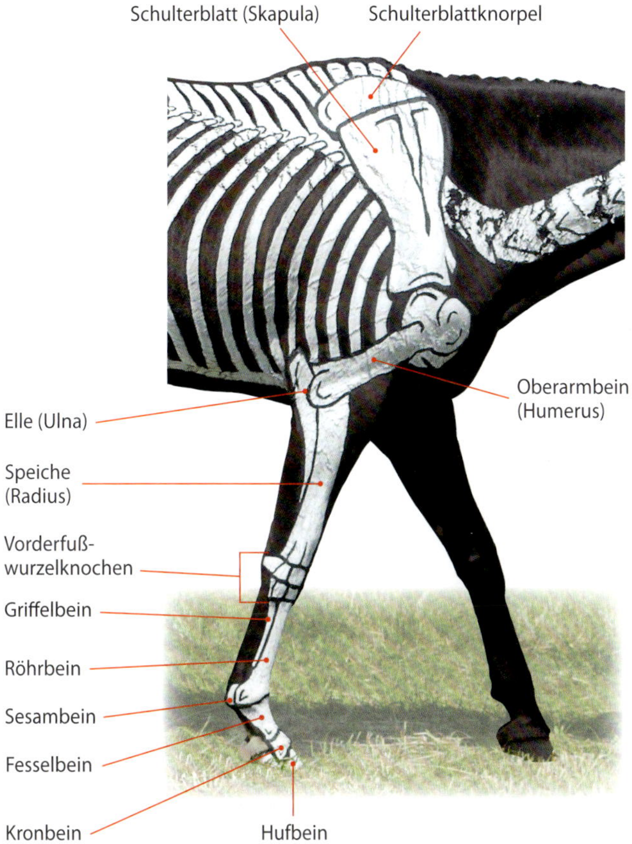

Vorderbeine

Die Vorderbeine, die als zwei knöcherne Säulen fungieren, sind mit dem Rumpf über die thorakale Muskelschlinge verbunden. Diese Schlinge aus Muskeln und Bindegewebe erlaubt dem Pferd zu wenden und fängt Erschütterungen ab, besonders bei der Landung nach einem Sprung. Die Vorderbeine dienen vor allem zum Tragen des Gewichts und tragen zur Balance, zu Wendungen und zum Abbremsen bei.

Hinterbeine

Die Hinterbeine sind über das Becken und das Kreuzdarmbeingelenk mit der Wirbelsäule verbunden. Die Knochen sind groß und stark, um den in der Hinterhand erzeugten enormen Kräften standhalten zu können. Die wichtigste Funktion der Hinterbeine ist es, Schub zu erzeugen. Winkelung und Länge der Knochen bestimmen über das Ausmaß an Beweglichkeit, Vorwärtsschub und Raumgriff, also über die sportlichen Möglichkeiten. Je ausgeprägter die Winkelung, desto mehr Beugung ist möglich und desto besser ist das Pferd für das Springen und höhere Dressurlektionen geeignet. Ein Pferd mit steilerer Winkelung kann Erschütterungen schlechter abfangen und federt weniger.

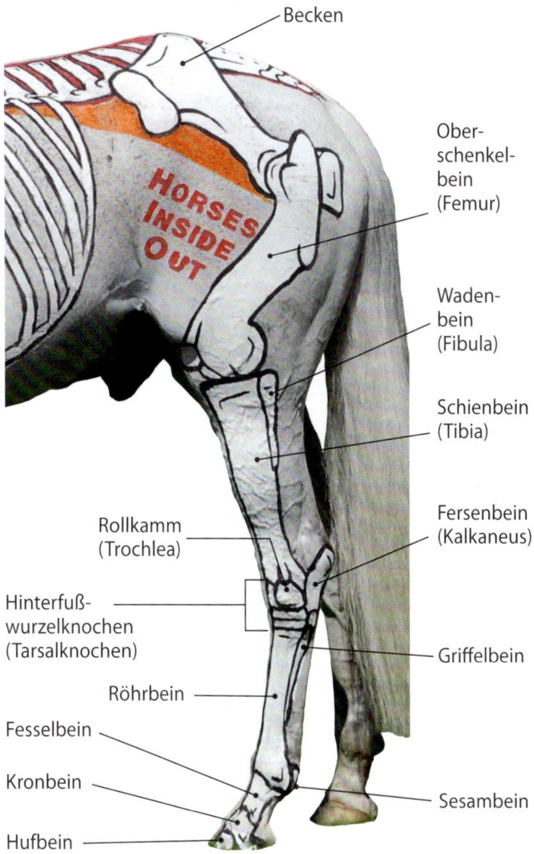

Muskeln

Es gibt Hunderte Skelettmuskeln im Pferdekörper. Sie erzeugen Bewegung, indem sie Kraft über Sehnen auf Knochen übertragen, um Gelenke zu bewegen. Muskellänge, -kraft und -tonus bestimmen die Stabilität des Skeletts.

Muskeln arbeiten als Gegenspieler

Muskeln arbeiten paarweise. Zieht ein Muskel, der Agonist, sich zusammen, verlängert sich sein Gegenspieler, der Antagonist. Dieses Prinzip gilt ebenso für Muskelgruppen und -ketten, die Bewegungsmuster und Körperhaltung beeinflussen.

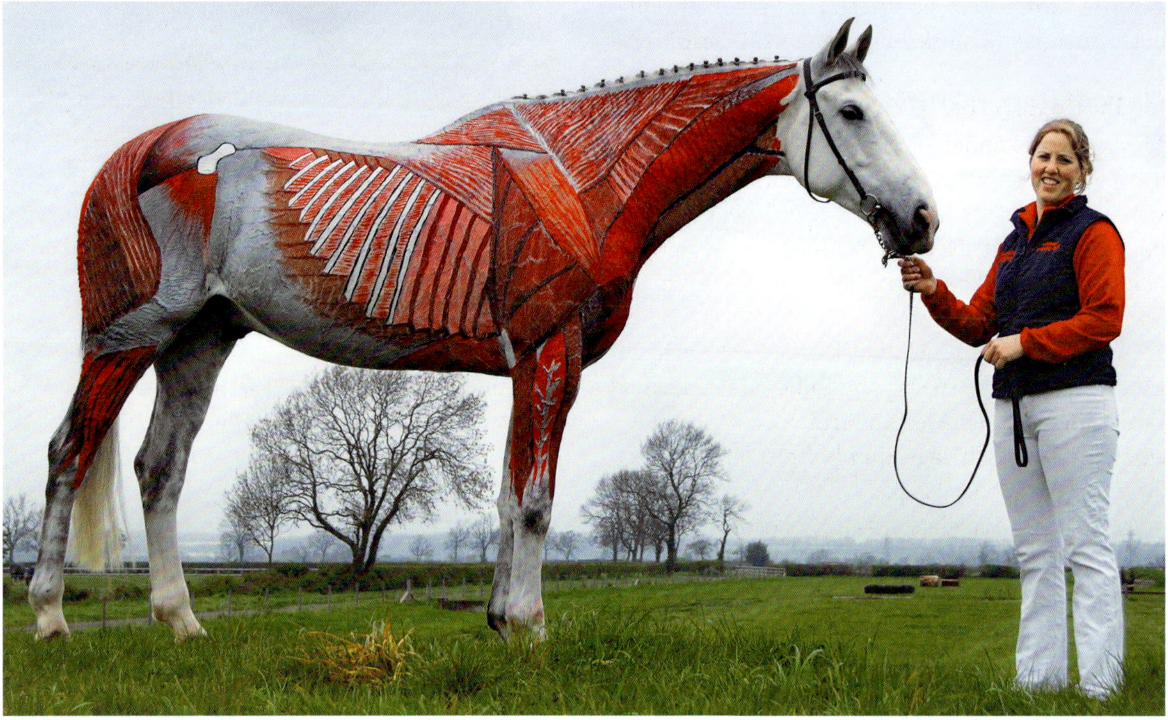

Wie Muskeln kontrahieren

Skelettmuskeln bestehen aus unzähligen Faserbündeln, die man an rotem Fleisch gut sehen kann. Jede einzelne Faser besteht aus Tausenden sogenannten Myofibrillen, die sich zusammenziehen, entspannen und verlängern können. Die Myofibrillen selbst bestehen aus Millionen mikroskopisch kleiner Sarkomere, die wiederum aus überlappenden dicken und dünnen Myofilamenten aufgebaut sind, aus den Eiweißen Myosin und Aktin.

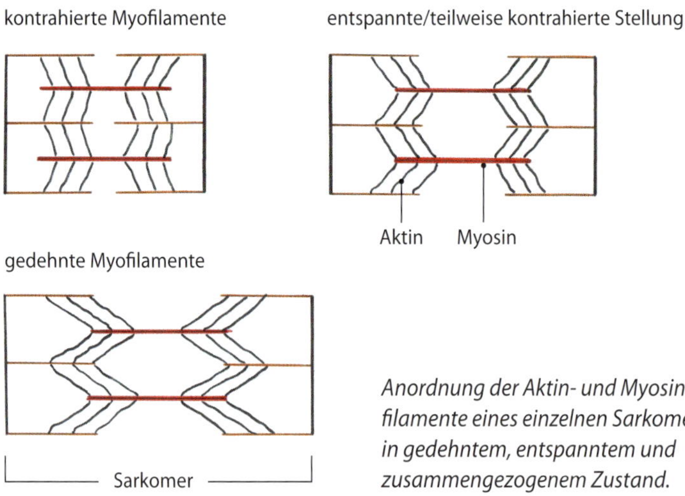

Anordnung der Aktin- und Myosinfilamente eines einzelnen Sarkomers in gedehntem, entspanntem und zusammengezogenem Zustand.

Muskelfasern tonisieren und dehnen

Menschen, die regelmäßig Sit-ups machen, haben kürzere, besser tonisierte Bauchmuskeln. Muss sich eine Muskelfaser immer wieder zusammenziehen, reagiert sie mit der Zeit, indem sie einige Sarkomere abbaut und so die Faserlänge reduziert. So werden Muskeln durch Kräftigungsübungen besser tonisiert. Umgekehrt verlängert sich eine Muskelfaser, die häufig gedehnt wird, indem sie zusätzliche Sarkomere aufbaut. Auch Pferdemuskeln reagieren auf diese Weise.

Muskelfasern rekrutieren

Muskelfasern können die Stärke ihrer Kontraktion nicht verändern. Wie kraftvoll sich ein Muskel zusammenzieht hängt davon ab, wie viele Muskelfasern durch das zentrale Nervensystem rekrutiert werden. Je größer die Zahl der rekrutierten Fasern, desto stärker die Kontraktion.

Ähnlich wie im Schichtbetrieb wechseln sich die Muskelfasern mit Arbeits- und Ruhephasen ab, um Ermüdung oder Schäden zu vermeiden. Werden einige Fasern geschädigt, zum Beispiel durch hartes Training, schont der Muskel sie, bis sie sich wieder erholt haben. Deshalb ist es wichtig, den Muskeln nach neuen oder anstrengenden Übungen Erholungszeit zu gönnen.

Durch regelmäßige Sit-ups werden die Bauchmuskeln verkürzt und besser tonisiert.

Arten der Muskelkontraktion

Es gibt zwei Arten der Muskelkontraktion: isometrische und isotonische. Sie zu verstehen hilft uns, effektiver und feinfühliger zu trainieren.

Isometrische Kontraktionen

Sie werden benötigt, wenn der Muskel statisch arbeitet, beispielsweise wenn wir mit ausgestrecktem Arm ein Gewicht halten oder wenn das Pferd seinen Kopf in Aufrichtung hält. Um Muskelermüdung entgegenzuwirken, müssen wir dem Pferd Pausen gönnen, in denen es sich abwärtsstrecken und entspannen kann.

Isotonische Kontraktionen

Sie ermöglichen kontrollierte Bewegungen und werden unterteilt in:

- **Konzentrische** Kontraktionen, bei denen sich der Muskel aktiv verkürzt. Sie werden benötigt, um Schub aus der Hinterhand zu entwickeln, abzuspringen, Steigungen zu überwinden und Kadenz zu entwickeln.
- **Exzentrische** Kontraktionen, bei denen der Muskel aktiv verlängert wird, zum Beispiel beim Abbremsen, in der Stützphase eines Schrittes, beim Landen nach dem Sprung oder beim Bergabreiten.

Dieses Pferd nutzt seine Halsmuskeln isometrisch.

Bindegewebe

Bindegewebe durchzieht alle Strukturen und Organsysteme des Körpers. Es besteht hauptsächlich aus dem Eiweiß Kollagen und bildet auch Faszien, Sehnen und Bänder.

Faszien

Die vor allem aus Kollagen und Elastin bestehenden Faszien sind das am häufigsten im Körper vorkommende Gewebe. Sie bilden miteinander verwobene Faszienblätter, die jedes Organ und jede Struktur durchziehen. Sie umgeben die Knochen als Knochenhaut, schützen und stabilisieren die Muskeln und erlauben den Transport von Nährstoffen sowie Abfallprodukten. Gesunde Faszien, die zu 80 Prozent aus Wasser bestehen, sind elastisch und geschmeidig, sodass die feuchten Faszienblätter reibungslos aneinander vorbeigleiten können. Bei emotionalem Stress oder Verletzungen können sich Faszien verhärten, steif werden und stellenweise austrocknen oder auf Zellebene desorganisiert werden. Dadurch verkleben die Blätter miteinander, was zu Muskelverhärtungen, Beweglichkeitseinschränkungen und manchmal zu Schmerzen führen kann, die oft weit vom eigentlichen Problemherd entfernt auftreten.

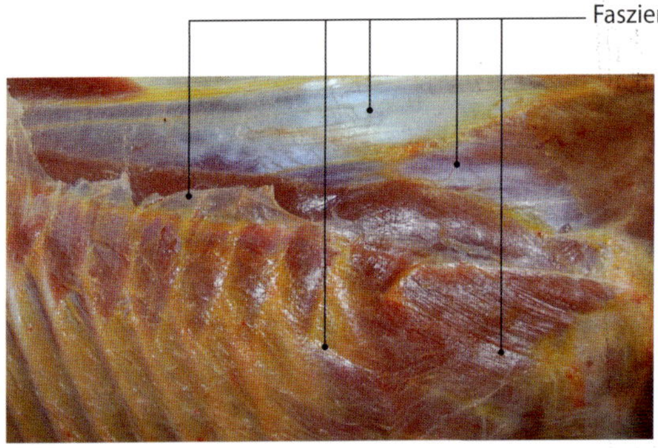

NARBENGEWEBE

Narben entstehen beim normalen Heilungsprozess aus großen Mengen Kollagen, sowohl nach einer äußerlichen Verletzung als auch bei inneren Verletzungen an Muskeln, Bändern oder Sehnen. Die schnelle Bildung von Bindegewebe ist sinnvoll, um die für die Heilung notwendige Reißfestigkeit zu gewährleisten. Durch die unorganisierte Ausrichtung der Kollagenfasern ist Narbengewebe jedoch weniger gleichmäßig und geschmeidig als das ursprüngliche Gewebe. Je nach Schwere der Verletzung kann es deshalb zu Funktionseinschränkungen und sogar Schmerzen kommen.

Sehnen

Sehnen verbinden die Skelettmuskeln mit den Knochen. Sie bestehen aus dicht an dicht parallel laufenden Kollagenfasern in langen Strängen, die sehr reißfest sind, aber wenig elastisch. Sehnen entspringen im Muskelbauch und ziehen in den Knochen hinein. Da sie nur begrenzt mit Blut versorgt werden, heilen sie nach Verletzungen schlecht. Weil Pferde unterhalb von Sprung- und Vorderfußwurzelgelenk keine Muskeln haben, müssen die Sehnen die in Bewegungen wirkenden Kräfte abfangen. Wird eine Sehne oder auch ein Band verletzt, sind die Fasern im entstehenden Narbengewebe unorganisiert und weniger belastbar.

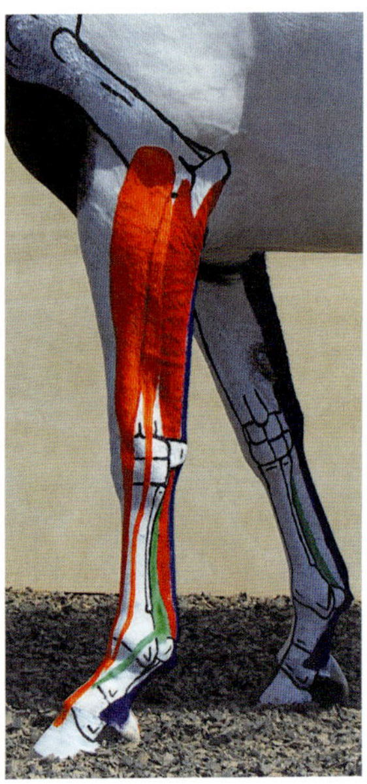

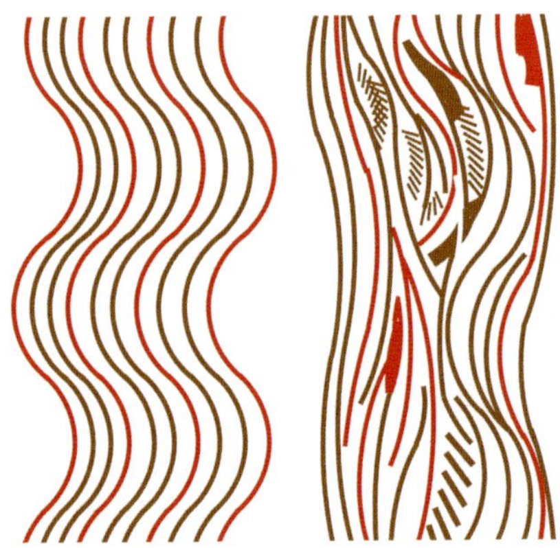

Gesunde Sehne mit parallel verlaufenden Kollagenfasern.

Beschädigte Sehne mit schlecht organisierten Kollagenfasern und Narbengewebe.

Bänder

Bänder verbinden Knochen über Gelenke hinweg miteinander. Sie bestehen aus relativ unelastischen weißen und elastischeren gelben Bindegewebsfasern. Wie dehnbar ein Band ist, hängt vom Mengenverhältnis der beiden Fasertypen ab sowie von der Funktion und dem Bewegungsradius des jeweiligen Gelenks. Bänder an Gelenken mit größerem Bewegungsradius benötigen einen höheren Anteil an gelben Fasern. Das Nackenband im Hals beispielsweise muss stärker dehnbar sein als die Seitenbänder an den Scharniergelenken der Beine.

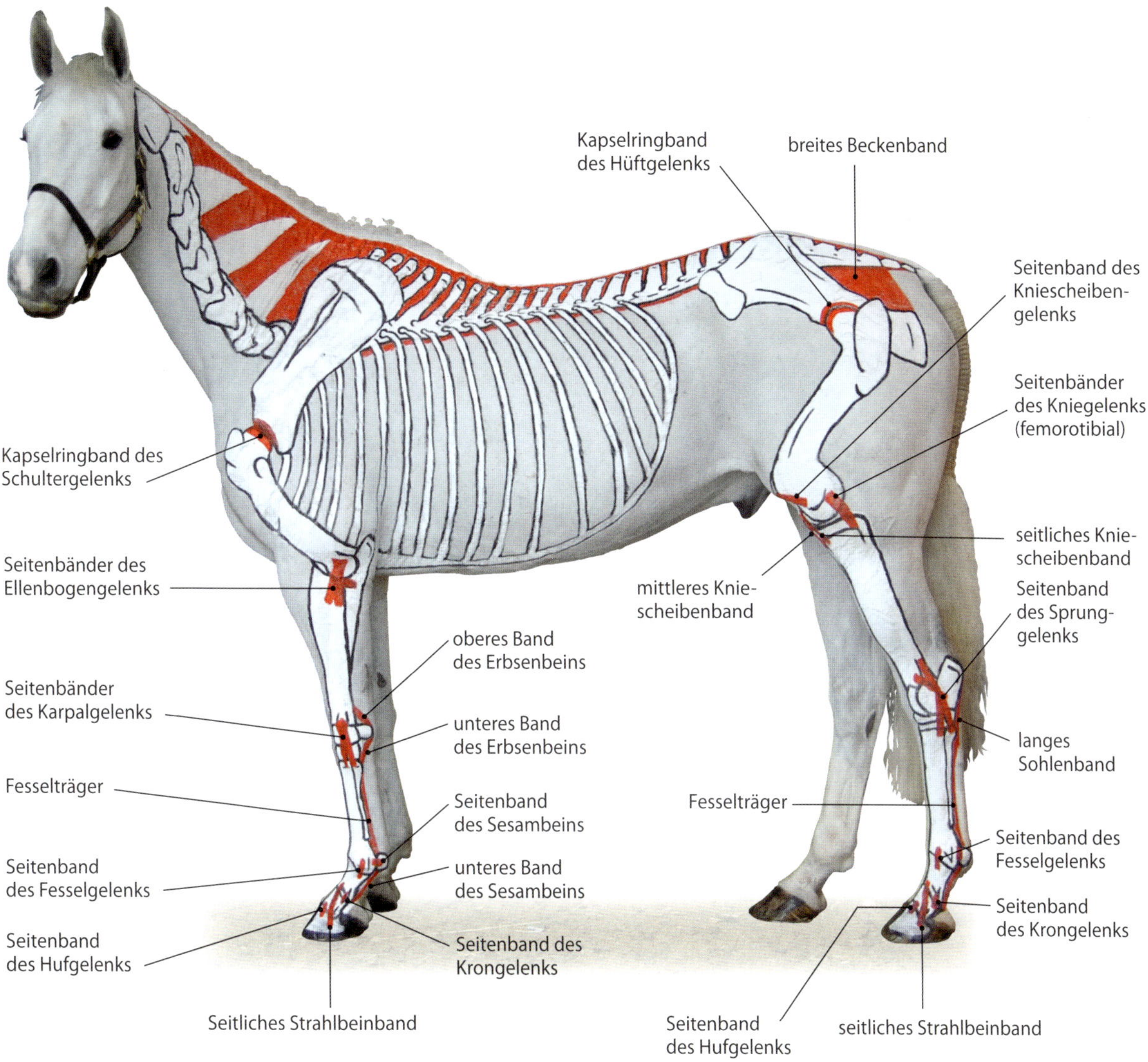

Wie Muskelketten Bewegung erzeugen

Es gibt viele verschiedene Muskelketten im Pferdekörper, die zusammenarbeiten, um geschmeidige, fließende Bewegungen zu ermöglichen. Ist irgendein Teil der Kette beeinträchtigt, wirkt sich dies auf die Leistung aus. Die wichtigsten Muskelketten sind:

Die Streckerkette

Die Kraft dieser Muskelkette bestimmt über Schwung, Ausdruck, Kadenz und Raumgriff. Die konzentrische Verkürzung der Streckerkette bewirkt ein Zurückführen der Hinterhand und eine Streckung von Hüfte, Knie, Lumbosakralgelenk, Rücken und Hals. Sie hilft, das Pferd nach vorne oben zu schieben, sodass sich die Vorhand hebt. Exzentrische und isometrische Arbeit der Streckerkette hilft beim Verlagern des Gewichts auf die Hinterhand und bei der Hankenbeugung während der Stützphase. Sie verhindert eine zu starke Beugung der Wirbelsäule und hilft bei der Aufrichtung. Die Muskeln dieser Kette, die oberhalb der Wirbelsäule und hinter den Hinterbeinknochen liegen, lassen sich den ganzen Weg vom hinteren Ballen bis zum Schädel nachverfolgen. Als Gegenspieler der Beugerkette kann eine Verspannung in der Streckerkette die Arbeit der Beugerkette behindern und so das Heben des Rückens sowie das Vorführen des Hinterbeins beeinträchtigen.

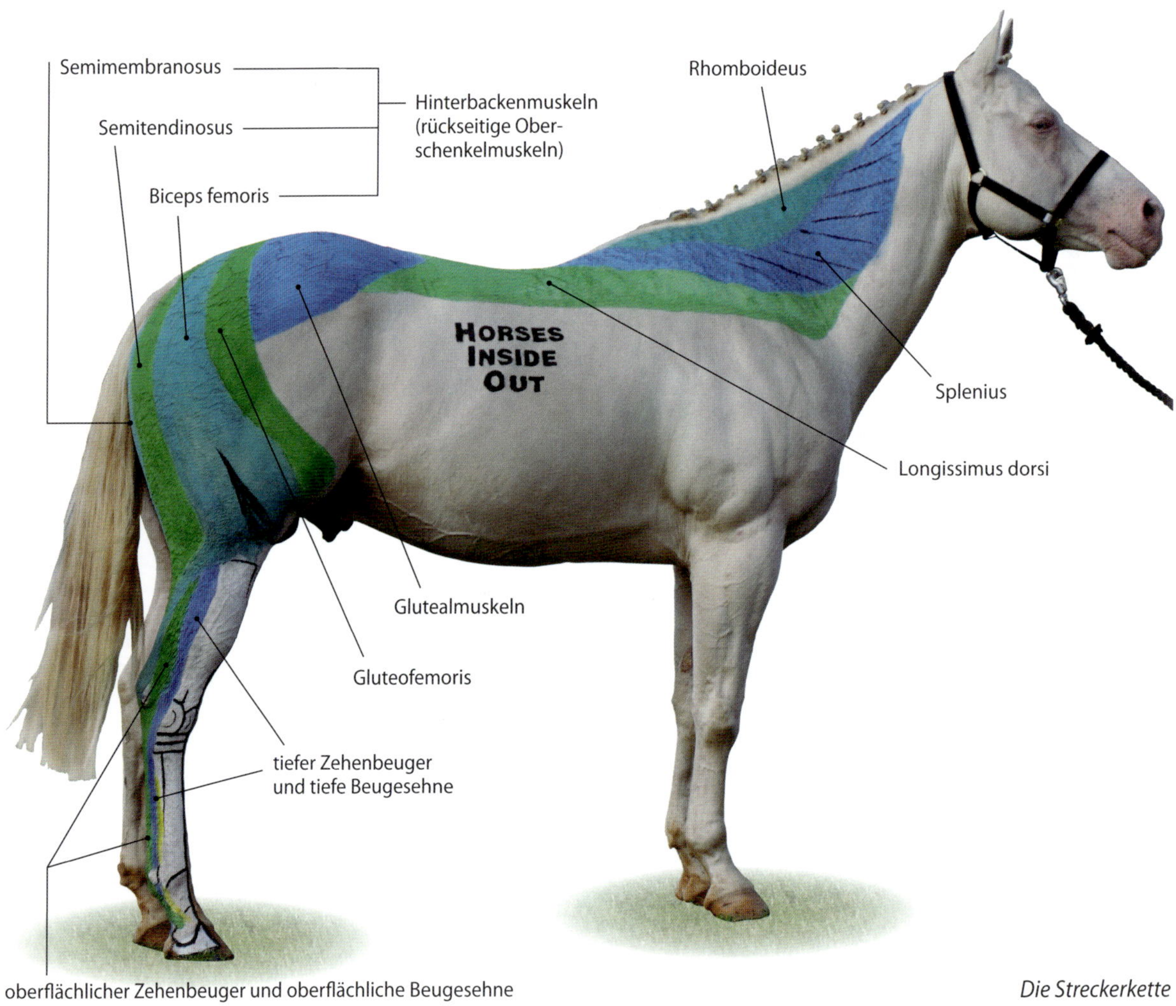

Die Streckerkette

Die Beugerkette

Die Kraft dieser Kette ist wichtig für die Kernstabilität, fördert also eine gute Haltung und hilft, den Reiter zu tragen. Verkürzt sich die Beugerkette konzentrisch, wird das Hinterbein nach vorne geführt, Hüfte, Lumbosakralgelenk, Rücken und Hals werden gebeugt. Sie hilft, den Rücken zu heben und die Hinterbeine unter den Körper zu bringen. Exzentrische und isometrische Kontraktion dieser Muskelkette begrenzen die Rückenstreckung. Die Muskeln dieser Kette liegen unterhalb der Wirbelsäule und vor den Hinterbeinknochen. Sie können von der Hufspitze bis zur Zungenspitze nachverfolgt werden und arbeiten als Gegenspieler der Streckerkette. Verspannungen der Beugerkette können das Pferd daran hindern, seine Schritte zu verlängern. Ein guter Muskeltonus in der Beugerkette ist entscheidend für eine gute Haltung.

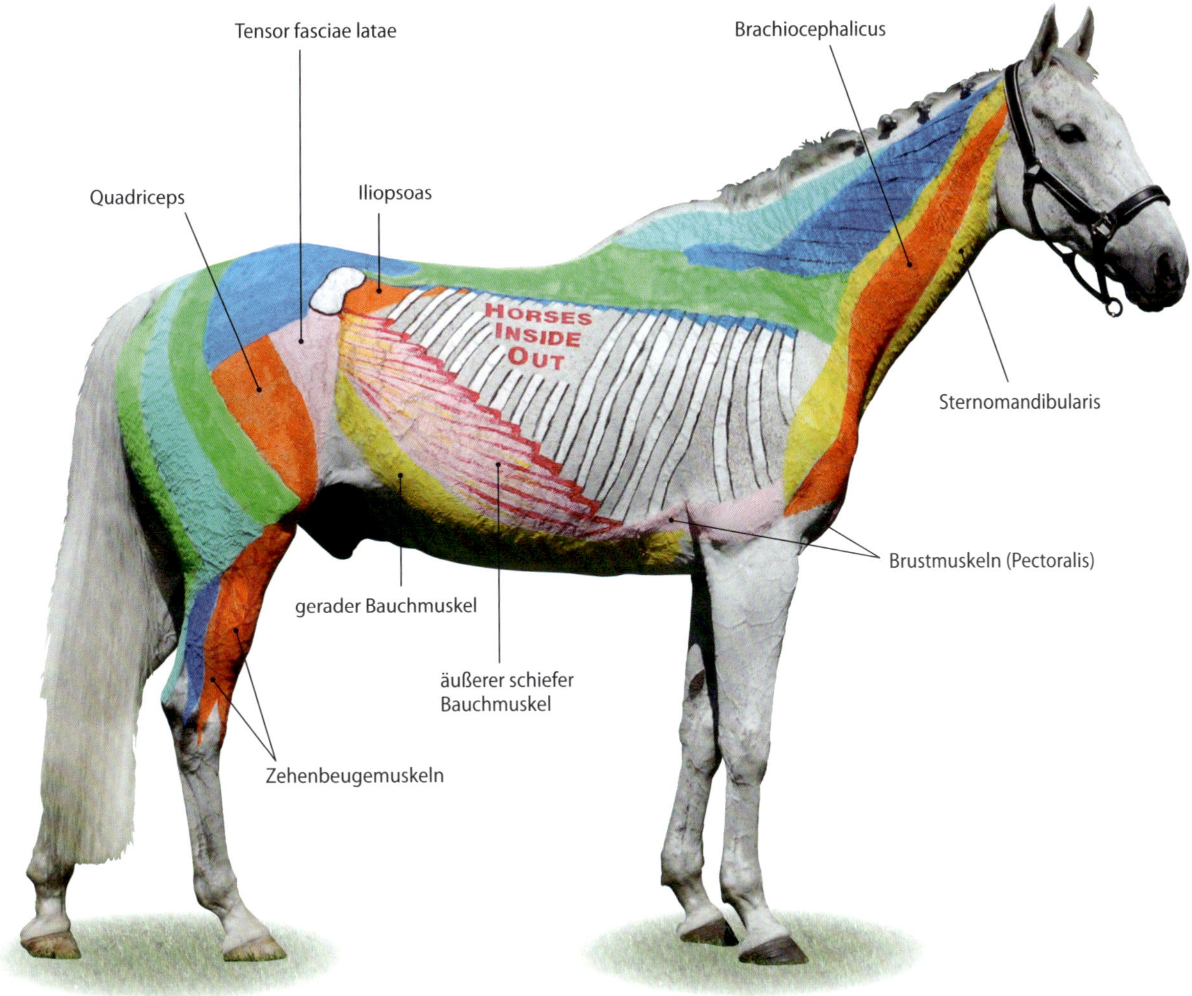

Die Beugerkette

Die Vorderbein-Protraktoren

Konzentrische Verkürzung dieser Muskelkette zieht das Vorderbein nach vorne (Protraktion) – je kraftvoller, desto ausdrucksvoller. Die Protraktionsmuskeln liegen an der Vorderseite des Vorderbeins, mit Ausnahme des Brustteils des Trapezius, der die Schulterblattspitze stabilisiert, während das Bein vorschwingt. Als Gegenspieler der Rückwärtszieher lassen sich die Vorderbein-Protraktoren von der Hufspitze bis zum Genick verfolgen. Verspannungen in dieser Kette schränken die Fähigkeit ein, die Vorhand nach hinten zu ziehen, wodurch sie kraftlos wird.

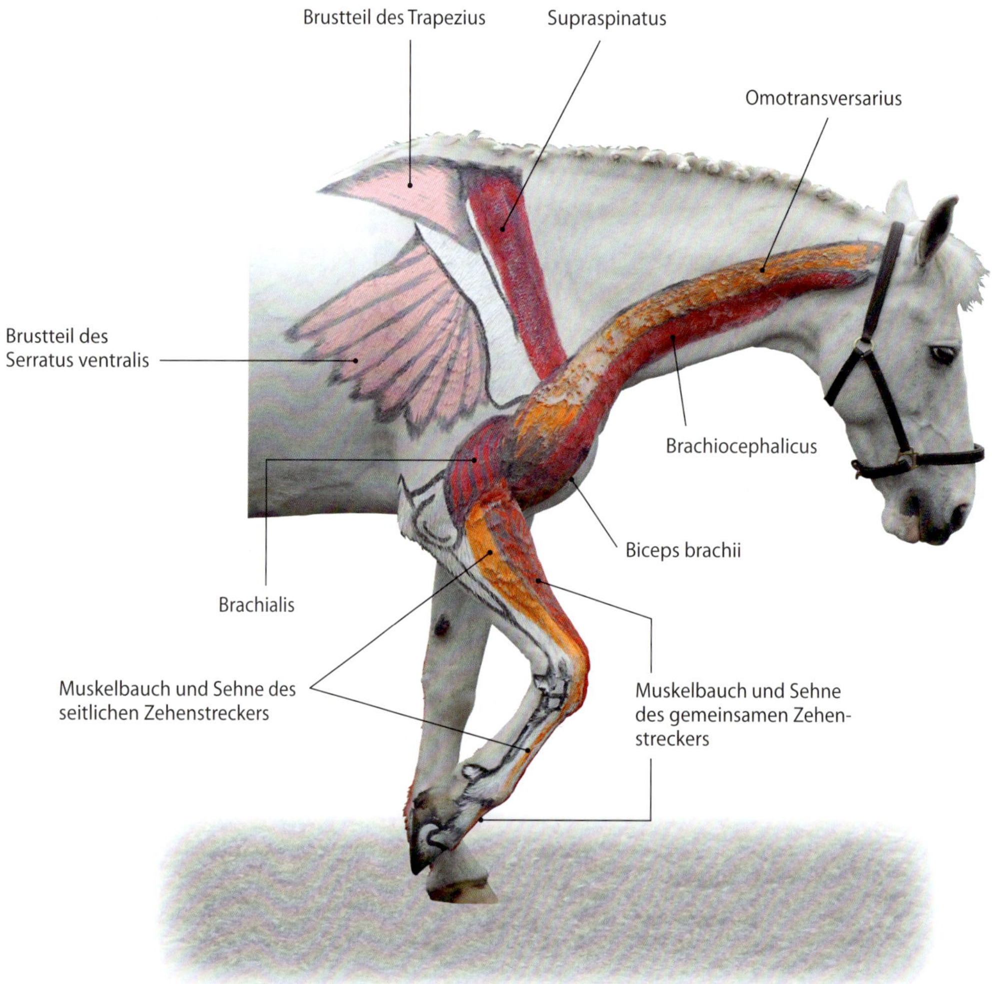

Vorwärtszieher (Protraktoren) des Vorderbeins

Die Vorderbein-Retraktoren

Die Kraft dieser Muskelkette verleiht der Vorhand Stärke, Kadenz und Ausdruck. Konzentrische Verkürzung der Retraktoren zieht die Vorhand unter den Körper und hilft, den schweren Rumpf über das aufgestellte Bein zu ziehen. Die meisten Muskeln dieser Kette liegen an der Rückseite des Vorderbeins, mit Ausnahme des Rhomboideus und des Halsteils des Trapezius, welche die Schulterblattspitze während der Retraktion des Vorderbeins stabilisieren. Die Muskeln dieser Kette, die als Gegenspieler der Vorwärtszieher agieren, lassen sich vom Hufballen bis in die Lumbosakralregion verfolgen. Verspannungen können das Zurückführen der Vorhand und deren Ausdruck beeinträchtigen. Auch Einschränkungen an anderen Stellen können die Beweglichkeit verschlechtern.

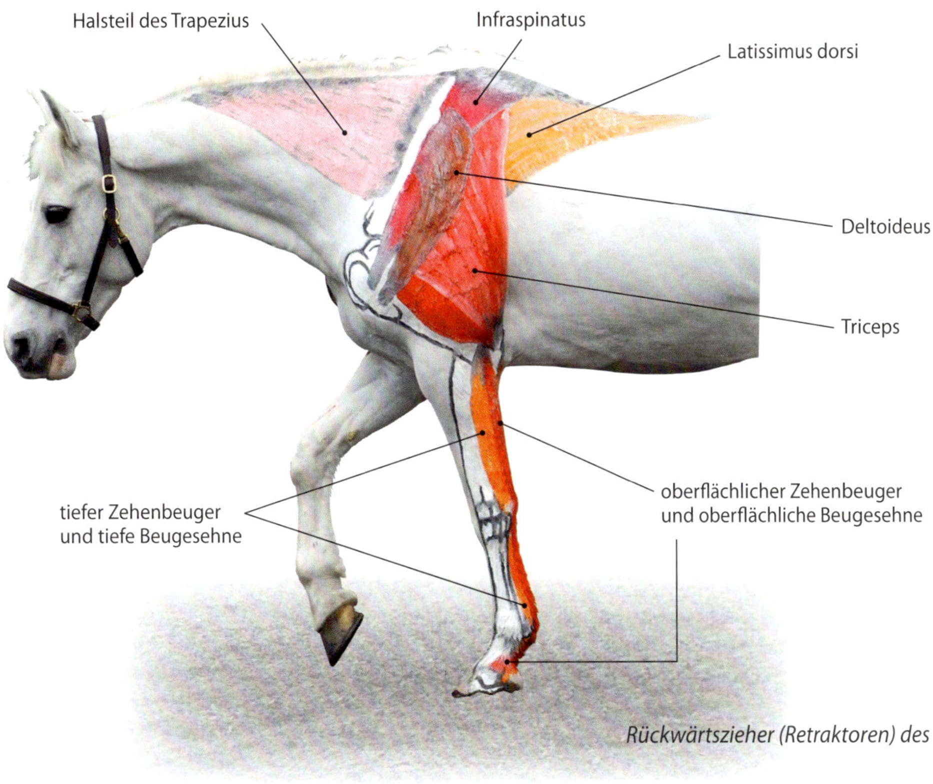

Rückwärtszieher (Retraktoren) des Vorderbeins

ZUSAMMENFASSUNG

- Die Wirbelsäule bildet eine Brücke zwischen Vorder- und Hinterbeinen.
- Sie überträgt den Schub aus der Hinterhand und trägt das Gewicht des Verdauungssystems ebenso wie das des Reiters.
- Die Vorderbeine sind über die thorakale Muskelschlinge mit dem Rumpf verbunden.
- Die Hinterbeine sind über Becken und Iliosakralgelenk mit der Wirbelsäule verbunden.
- Muskeln arbeiten als Paare, Gruppen und Ketten.
- Faszien umgeben, durchziehen und verbinden Muskeln, Knochen, Sehnen, Bänder, Nerven, Blutgefäße und Organe und sorgen so für Kontinuität durch den ganzen Körper hindurch.
- Einschränkungen an einer Stelle einer Muskelkette beeinflussen die Beweglichkeit anderer, auch weiter entfernter Körperregionen.

2 Skelettale Reife

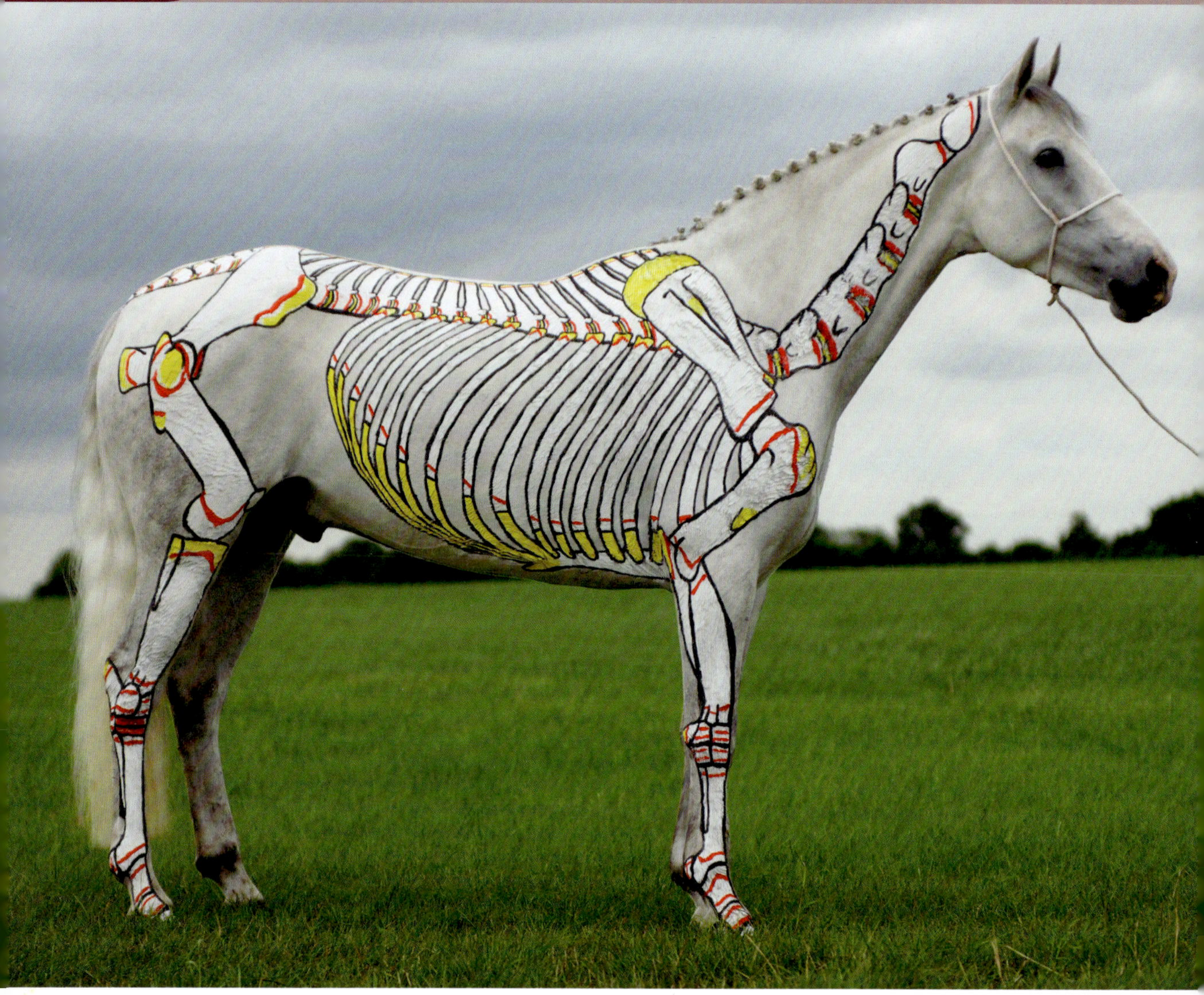

Die roten Linien zeigen die Lage der Wachstumsfugen im Pferdeskelett.

Nur ein starker, gut ausgereifter Knochenbau kann seine Stützfunktion optimal erfüllen sowie die durch Gewicht, Dehnung und Erschütterungen auf die Knochen und Gelenke wirkenden Belastungen minimieren.

Es gibt über 80 Wachstumsfugen in der Wirbelsäule, die sich im Alter von vier bis sieben Jahren schließen, wenn der Knorpel sich in Knochen umwandelt, und zwar vom Huf aufwärts. Zeitpunkt und Ausprägung des Wachstumsfugenschlusses sind wichtige Faktoren der Knochenreifung. Am Hufbein schließt sich die Wachstumsfuge mit der Geburt, am Kronbein zwischen Geburt und sechstem Lebensmonat, an Schulterblatt und Becken, welches Wachstumsfugen am Hüfthöcker und am Kreuzhöcker hat, im Alter von fünf bis fünfeinhalb Jahren. Das Sprunggelenk reift erst mit vier Jahren aus und wird oft als Schwachstelle angesehen.

WIE KNOCHEN WACHSEN

Knochen entstehen aus Knorpel, der immer mehr mineralisiert und verknöchert, je älter das Pferd wird. Dies geschieht in der Mitte (Diaphyse) und an den Enden (Epiphysen) des Knochens. Dazwischen befindet sich die Metaphyse mit der Wachstumsfuge, die dem Knochen das Längenwachstum ermöglicht. Zum Zeitpunkt der Geburt enthält das Fohlenskelett nur etwa 20% des Mineralanteils eines reifen Skeletts. Bis zum Ende des ersten Lebensjahres sind es 75%.

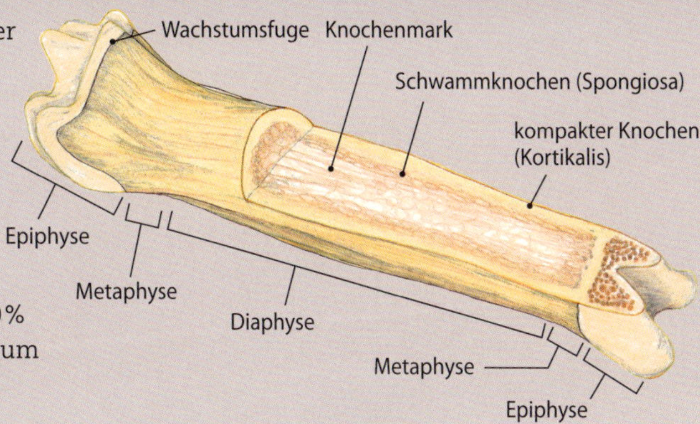

Alter, in dem sich die Wachstumsfugen der Vorhand schließen.

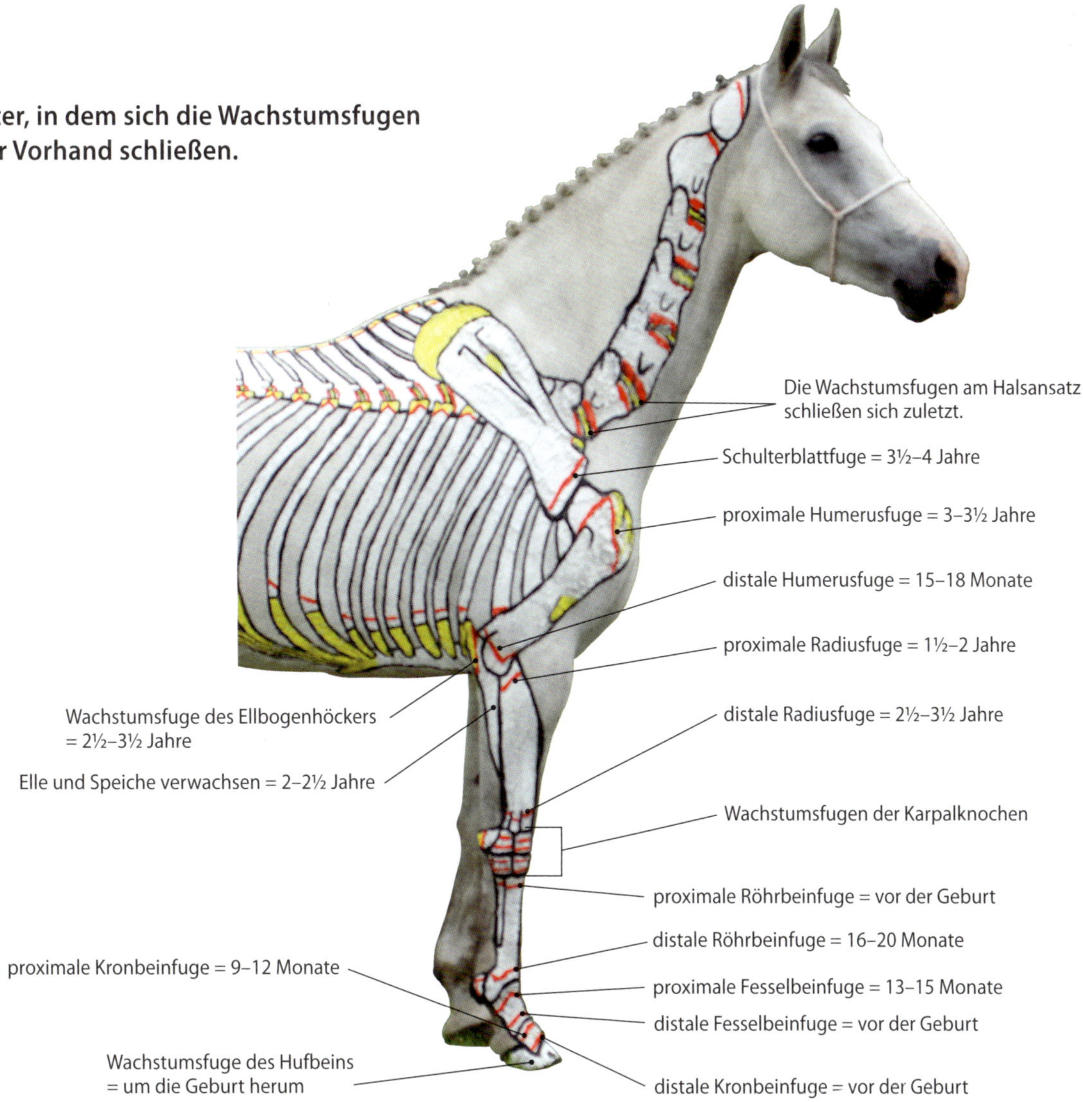

Alter, in dem sich die Wachstumsfugen der Hinterhand schließen.

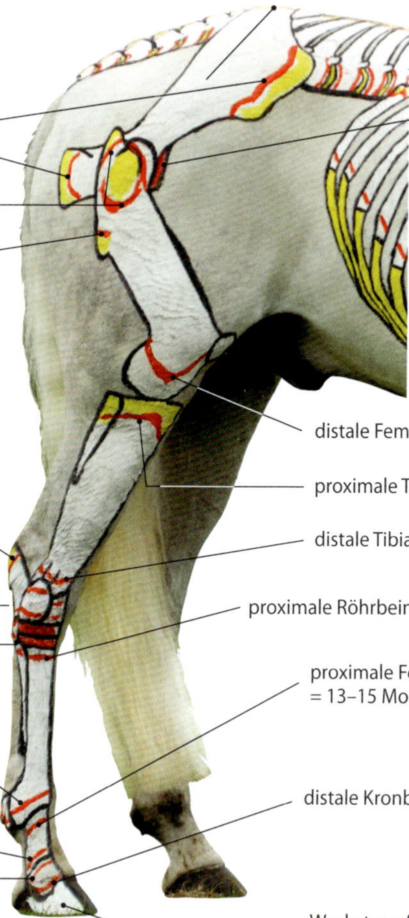

Alter, in dem sich die Wachstumsfugen des Achsenskeletts schließen.

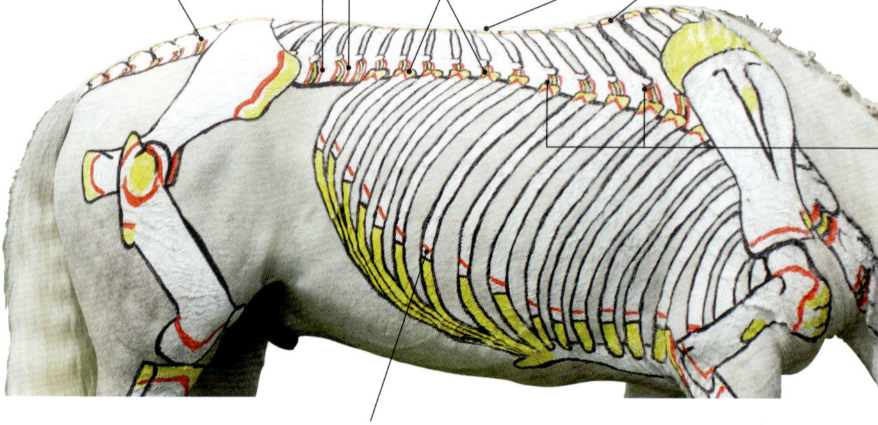

Die Zeitangaben in der Abbildung wurden anhand von Röntgenaufnahmen und Sektionen* ermittelt und variieren individuell.*

* Quellen: Sissmon und Grossman, Dr. Deb Bennet, Eric Strand und persönliche Untersuchungen.

Ablauf der Reifung

Ernährung, Größe und Geschlecht können das Alter beeinflussen, in dem die Reife erreicht ist. Männliche Pferde benötigen etwa sechs Monate länger als Stuten. Je größer und besser im Futter ein Pferd ist, desto später erreicht es seine Reife. Obwohl die meisten Pferde mit etwa fünf Jahren ausgewachsen sind, dauert es bis zu acht Jahre, bis die Wirbelsäule völlig ausgereift ist.

Der Halsansatz ist die letzte Region, in der sich die Wachstumsfugen schließen. Bei einem siebenjährigen Warmblut-Westernpferd sind die Wachstumsfugen der Halswirbel mit ziemlicher Sicherheit noch nicht geschlossen. Das bedeutet, der Hals ist bis zum Alter von acht Jahren noch unreif und hat nicht die volle Kraft, was für die Wahl der richtigen, an Alter und Trainingsstufe des Pferdes angepassten Kopf-Hals-Haltung unbedingt berücksichtigt werden sollte.

RECHTS: *Dieses dreijährige Westernpferd wird in einer unangemessenen Kopfhaltung geritten, was einen zerstörerischen Effekt auf seine künftige Haltung und die Gesundheit seines Bewegungsapparats haben wird.*

Zu viel zu schnell!

Bei jungen Pferden, von denen zu schnell zu viel verlangt wird, können inakzeptabel hohe Kräfte auf die noch unreifen Knochen und Gelenke einwirken. Diese haben Mühe, sich an das zunehmende Gewicht des Pferdes anzupassen, was vor allem bei jungen Turnierpferden zu einem hohen Lahmheitsrisiko führt. Bei einem schnell galoppierenden Pferd wirkt ein Mehrfaches des Körpergewichts auf die unteren Gliedmaßen, und auch wenn diese durch Muskeln, Sehnen und Bänder unterstützt werden, sind es die Knochen, welche die Hauptlast tragen.

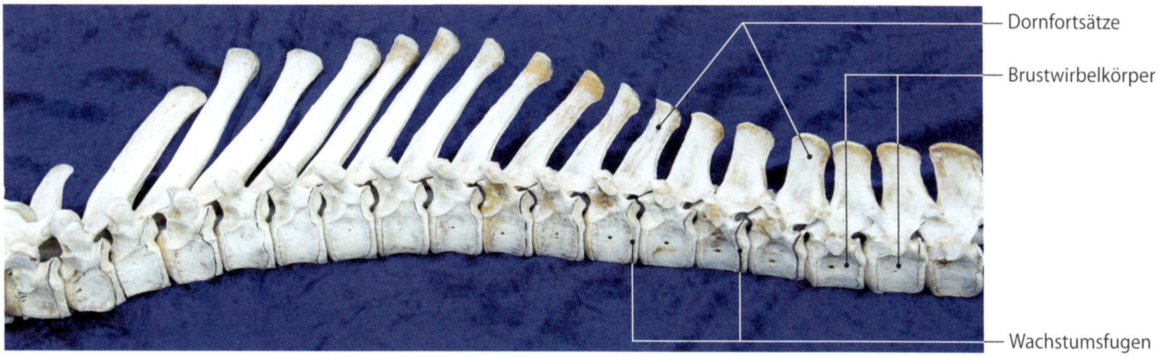

An dieser Wirbelsäule eines vierjährigen Pferdes sind deutlich die senkrecht zum Boden stehenden Wachstumsfugen zu erkennen. Hohe Gewichtsbelastung, Reiten in schlechter Haltung oder zu langes Reiten vor dem Schließen der Wachstumsfugen kann die Entwicklung stören und beim erwachsenen Pferd zu Problemen führen. Jeder Reiter sollte sich dies vor Augen führen und in der Pferdeausbildung berücksichtigen.

Management junger, unreifer Pferde

Junge Pferde sind in der Regel gut ausbalanciert und bewegen sich in einer natürlichen, gesunden Haltung. Dies kann sich ändern, sobald Menschen eingreifen und die Bewegungsfreiheit einschränken. Kompensationsmuster entstehen und beeinflussen, wie sich das Pferd bewegt, wie es sich trägt und wie leistungsfähig es ist.

Zu den ersten menschlichen Einflüssen gehören:

- Einschränken der Bewegungsfreiheit,
- Hufpflege,
- Gewöhnung an Sattel und Zaum,
- Zahnpflege,
- Verletzungen,
- Gewicht tragen.

OBEN *Weidegang ist unverzichtbar für die Entwicklung eines gesunden Bewegungsapparats.*

LINKS *Um Vertrauen, Verstehen, Kooperation und Partnerschaft zu fördern, ist es wichtig, dass jeder Menschenkontakt positiv und korrekt abläuft.*

Es gibt für Pferde mit noch unreifem Knochenbau eine Vielzahl nützlicher Übungen, die sie auf ihre künftigen Aufgaben vorbereiten. Dazu gehören:

- Führen an der Longe von beiden Seiten,
- Pilates-ähnliche Kraft-, Dehn- und Balanceübungen zur Stärkung der Kernmuskulatur,
- Longieren und Arbeit am langen Zügel,
- Bodenarbeit,
- Cavalettiarbeit,
- Verladen,
- leichtes Gewicht tragen,
- leichtes Training auf verschiedenen Untergründen mit unterschiedlichem Gefälle,
- langsames Steigern der Trainingszeit, um Muskel- und Herzkreislauf-Fitness aufzubauen.

Rennpferde und in Nachwuchsprüfungen vorgestellte Pferde beginnen ihr Training manchmal bereits mit 18 oder 24 Monaten. Für die meisten Pferde, die nicht für diese Art Wettkampf bestimmt sind, ist es jedoch sicherer und sinnvoller, sie erst mit vier Jahren ein Gewicht auf ihrem Rücken tragen zu lassen.

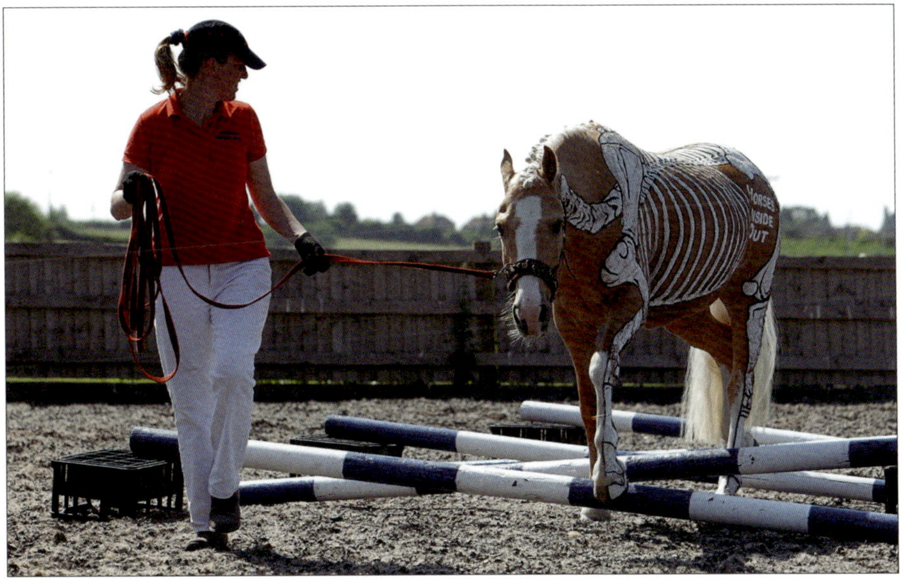

Bauen Sie langsam Muskelkraft auf. Arbeiten Sie nur für eine kurze Zeitspanne (anfangs genügen zehn Minuten). Als Faustregel gilt: Arbeiten Sie einen Vierjährigen nicht öfter als viermal die Woche, einen Fünfjährigen nicht öfter als fünfmal.

ZUSAMMENFASSUNG

- Je später wir anfangen, unser Pferd zu reiten, und je mehr wir es darauf vorbereiten, desto besser.
- Beim Einreiten sollte das junge Pferd ausschließlich in gesunder Körperhaltung geritten werden.
- Vermeiden Sie es, das junge Pferd zu oft und für zu lange Zeit zu viel Gewicht tragen zu lassen.
- Arbeiten Sie nicht mit einem müden Pferd.
- Die Reifung der Wachstumsfugen zu verstehen, kann uns helfen, die Gelenke weniger stark zu belasten, einfühlsamer zu trainieren und fundiertere Entscheidungen zu Aufbau, Häufigkeit und Dauer des Trainings zu treffen.

3 Gesunde Körperhaltung

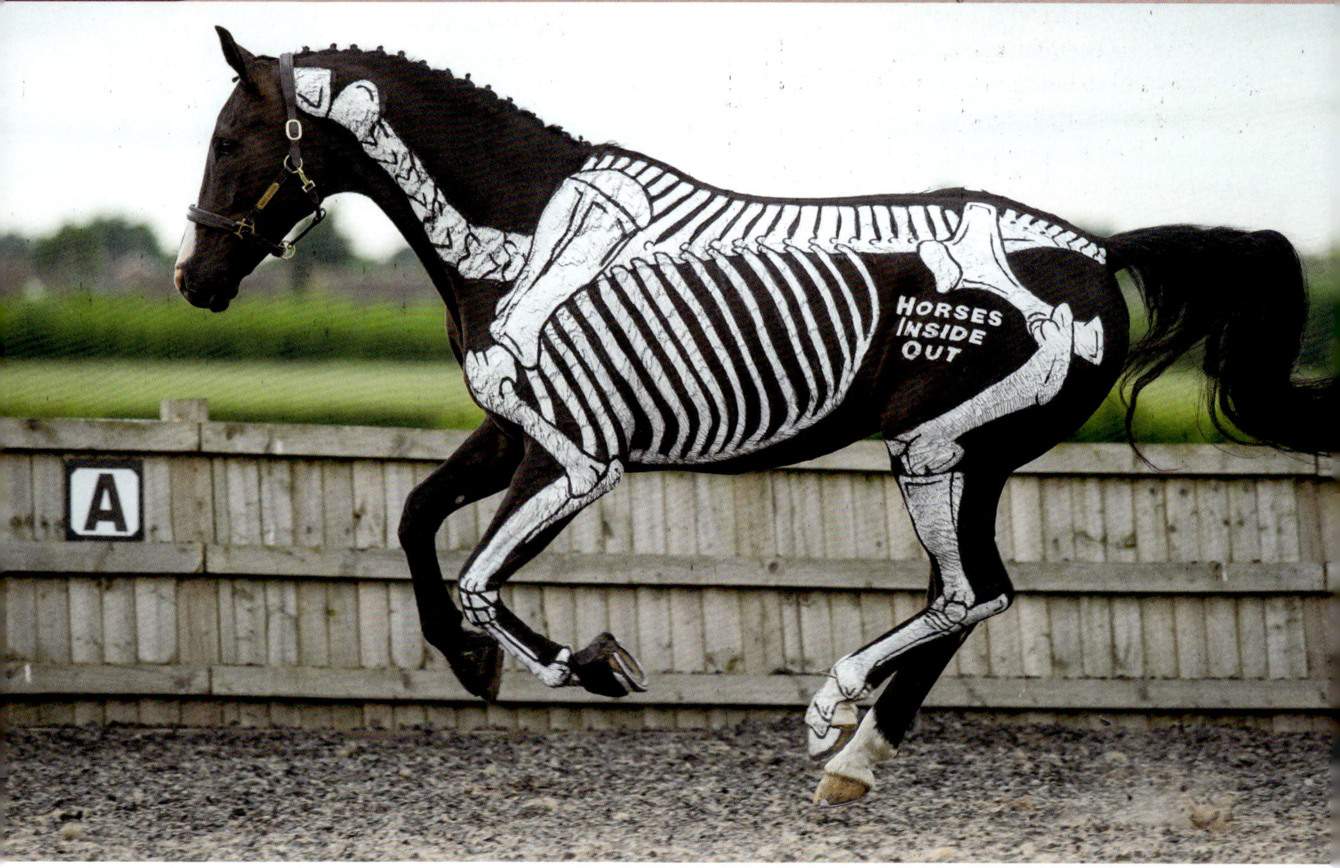

OBEN *Eine gesunde Körperhaltung zu fördern, ist ein für das Wohlbefinden des Pferdes unverzichtbarer Bestandteil der Reitkunst.*

Eine gute Körperhaltung entsteht durch ein harmonisches Zusammenspiel von muskulärer und skelettaler Balance, wenn jedes Gelenk korrekt gewinkelt ist und jeder Muskel effizient arbeitet. In Bewegung gehört zur korrekten Haltung, sich selbst zu tragen und im Gleichgewicht zu bleiben. Ohne eine gute Balance kann das Pferd sich nicht sicher, anmutig und effizient selbst tragen.

RECHTS *Beim Stehen im Rechteck sollte das Gewicht des Pferdes gleichmäßig um den Schwerpunkt verteilt sein, sowohl von vorne nach hinten als auch von einer Körperseite zur anderen.*

Warum ist die Haltung so wichtig?

Eine gute Haltung ist lebenswichtig für jedes Reitpferd, denn sie beeinflusst die Gesundheit. Sie zu trainieren und zu bewahren ist ein zentraler Aspekt der Reitkunst. Sie trägt zum Wohlbefinden bei, erlaubt dem Pferd, sich mit Leichtigkeit, Energie und Schwung zu bewegen und verlängert sein Arbeitsleben. Ohne gute Haltung ist echte körperliche Fitness nicht möglich und das Pferd kann sein Potenzial nicht ausschöpfen.

Haltung versus Körperbau

Der Körperbau eines Pferdes wird durch seinen Knochenbau bestimmt, durch seine Rasse und seine Gene. Wird es mit einem langen Rücken, steilen Schultern und kurzen Fesseln geboren, lässt sich daran nichts ändern. Zwar kann es den Anschein haben, als ob der Körperbau sich ändert, wenn das Pferd zum Beispiel im Training mehr Muskeln aufbaut und seine Oberlinie sich verändert, doch die darunterliegenden anatomischen Strukturen bleiben gleich.

Jede Disziplin stellt andere Ansprüche an die Haltung des Pferdes, doch unabhängig von Rasse, Exterieur und Typ macht eine gute Haltung das Beste aus dem Körperbau des Pferdes. Unsere Verantwortung ist es, zum persönlichen Trainer unseres Pferdes zu werden und uns um jeden Aspekt seines Wohlbefindens, insbesondere seine Körperhaltung, zu kümmern.

Vorteile einer guten Haltung

Eine gute Haltung lässt auf gute Gesundheit schließen. Sie sieht ästhetisch ansprechend aus und ist anatomisch wichtig für ein effizientes Arbeiten des Körpers. Eine gute Haltung:

- richtet Knochen und Gelenke korrekt aus, damit der Bewegungsapparat optimal funktionieren kann, wenn er Gewicht tragen muss.
- wirkt ungleichmäßiger Abnutzung der Gelenkoberflächen entgegen, die zu vorzeitiger Degeneration führen kann.
- mindert die Belastung von Bändern, Sehnen und Faszien.
- verhindert einen festen, überstreckten Rücken.
- stellt sicher, dass Muskeln effizient und effektiv arbeiten.
- reduziert Belastung und Überanspruchung.
- ermöglicht optimales Arbeiten der inneren Organe.
- lässt die Nerven mit maximaler Effizienz arbeiten.

Schlechte Haltung

Schlechte Haltung lässt sich als eine vom Ideal abweichende Ausrichtung definieren. Sie für kurze Zeit einzunehmen, ist unproblematisch. Gefährlich werden jedoch einander verstärkende Einflüsse, die Bindegewebsschäden hervorrufen können, wenn sie über einen längeren Zeitraum einwirken. Durch sie können biomechanisch ungünstige Bewegungsmuster entstehen, die auch einfachste Bewegungen er-

Jede Disziplin stellt unterschiedliche Ansprüche an die Haltung.

müdend und unangenehm werden lassen. Dies kann das Verhalten des Pferdes beeinträchtigen und zu unbefriedigenden Trainingsergebnissen führen, die den Reiter frustrieren.

Zu einer schlechten Haltung können beitragen:

- Übergewicht,
- schlechte Hufbalance,
- Zahnprobleme,
- schlecht ausbalancierte oder unerfahrene Reiter,
- Tragen zu schwerer Reiter für zu lange Zeit,
- mangelnde Fitness,
- Arbeit in einer für Alter und Ausbildungsstand unangemessenen Aufrichtung,
- psychische Anspannung, Widerstand,
- Bewegungsmangel, wenn Pferde über längere Zeit in beengten Verhältnissen aufgestallt sind,
- regelmäßiges Fressen aus einer erhöht angebrachten Heuraufe,
- Schmerzen.

Sobald ein Reiter auf dem Pferderücken sitzt, wird er durch das Gewicht gestreckt. Dieses Pferd muss neben dem Reitergewicht auch sein eigenes Übergewicht tragen. Deshalb muss der Reiter alles tun, um die Wirbelsäule zu unterstützen.

Krümmungen der Wirbelsäule

Ein wichtiger Indikator der Haltung sind die natürlichen Wirbelsäulenkrümmungen. Dabei geht es um die Ausrichtung der Wirbelkörper und nicht um die Oberlinie, die durch die Muskulatur beeinflusst werden kann.

1. Die Halswirbel beschreiben eine S-Kurve, die dem Hals erlaubt, sich teleskopartig nach vorne und hinten zu bewegen, sodass die Kopf-Hals-Position die gesamte Haltung beeinflusst. Im Genick wölben sich die Halswirbel nach oben (dorsal konvex), in der Halsmitte ändert sich die Richtung der Kurve (dorsal konkav). Brust- und Lendenwirbelsäule sollten gerade oder leicht nach oben gewölbt (dorsal konvex) sein.
2. Wird die obere Kurve runder (gebeugt) und die untere Kurve ausgehöhlter (gestreckt), verkürzt sich der Hals.
3. Verlängert sich der Hals, werden beide Kurven der Halswirbelsäule flacher.

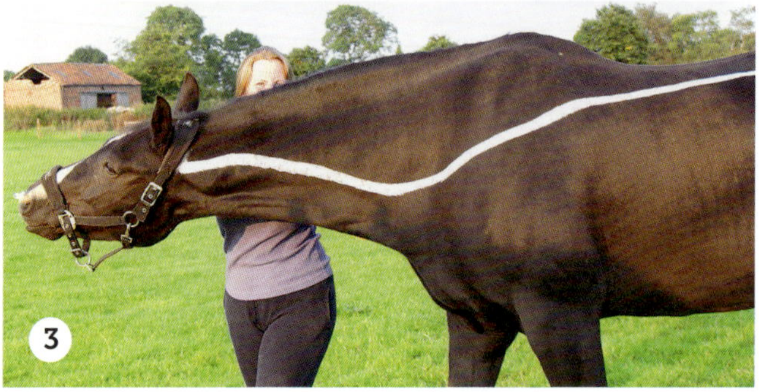

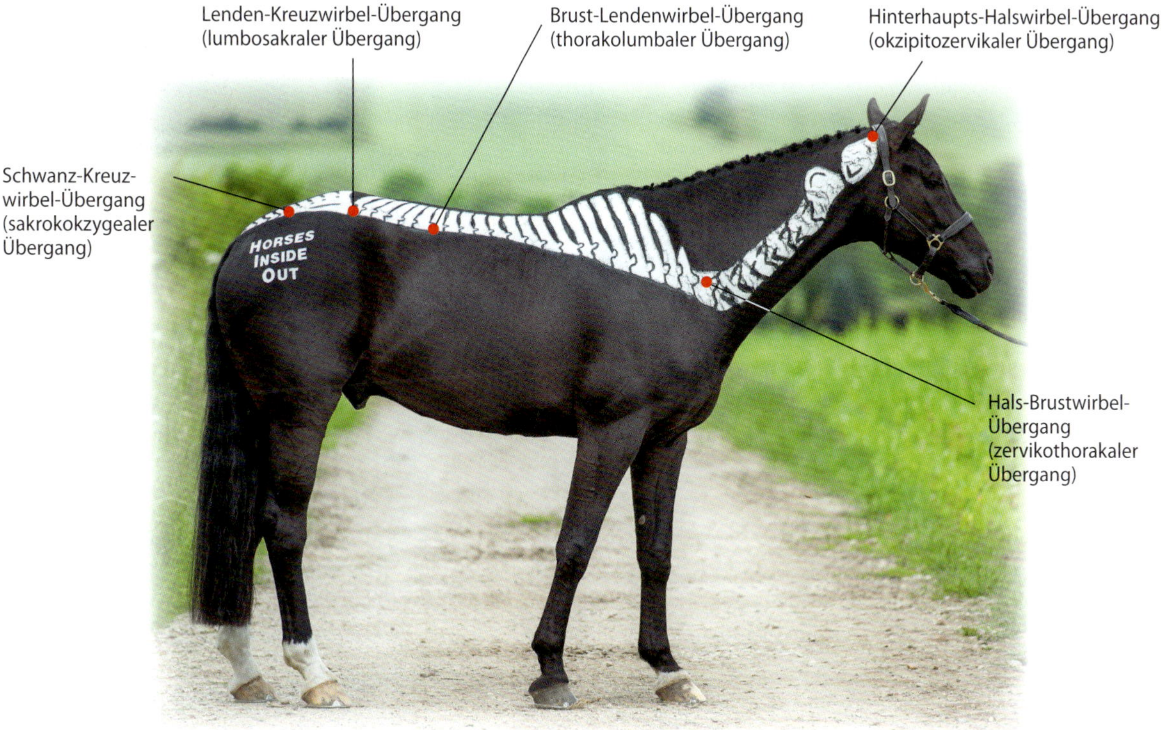

Dieses Pferd zeigt eine gute Haltung mit gut ausgerichteten Wirbelsäulenkrümmungen.

Der Schlüssel zur guten Haltung

Die ungestörte Funktion der Gelenke am Übergang eines Wirbelsäulenabschnitts zum nächsten ist wesentlich für eine gesunde Haltung. An jedem Übergang ändern sich Aussehen und Beweglichkeit der Wirbel.
Die Wirbelsäulenkrümmungen werden beeinflusst durch:

- Schwerkraft,
- Muskelentwicklung, -fitness und -tonus,
- Reitergewicht,
- Gewicht der Verdauungsorgane,
- Alter.

Die vier Mechanismen, die das Pferd nutzt, um eine gute Haltung zu bewahren (S. 36), gelten ebenso für das Halten der optimalen Wirbelsäulenausrichtung.

Einer der häufigsten Haltungsfehler ist das Überstrecken der Brust- und Lendenwirbelsäule. Diese in der Abbildung rechts so deutlich gezeigte, schädliche Haltung geht einher mit einem Nach-unten-Wegdrücken (Überstrecken) des zervikothorakalen Übergangs und des lumbosakralen Übergangs. Diese Position ist für das Pferd unangenehm, belastet die Gelenke von Wirbelsäule und Hinterhand und verlagert das Gewicht mehr auf die Vorhand. Besonders schwer beeinträchtigen diese Effekte ein junges Pferd mit noch nicht vollständig geschlossenen Wachstumsfugen.

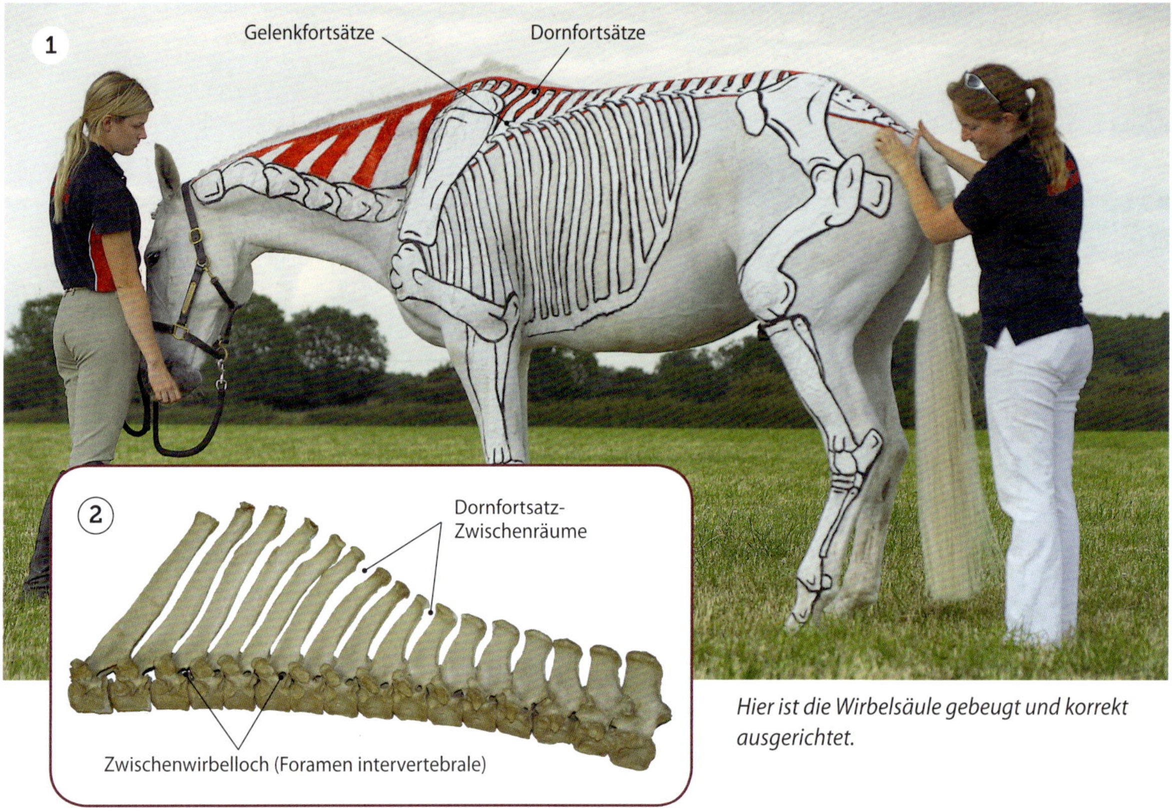

Hier ist die Wirbelsäule gebeugt und korrekt ausgerichtet.

Die Dornfortsätze sind durch Zwischendornbänder miteinander verbunden und durch das über ihre Spitzen laufende Dornfortsatzband. Ist die Wirbelsäule gebeugt (Abb. 1 und 2), beträgt der Abstand zwischen den Dornfortsätzen 1–7 mm. Wird die Wirbelsäule gestreckt, verringern sich die Abstände, die Zwischendornbänder werden gequetscht und die Dornfortsätze müssen Gewicht tragen (Abb. 3 und 4). Mit der Zeit können sich sogenannte Kissing Spines entwickeln.

Durch die haltungsschädliche Streckung werden die Dornfortsätze näher aneinander gedrückt.

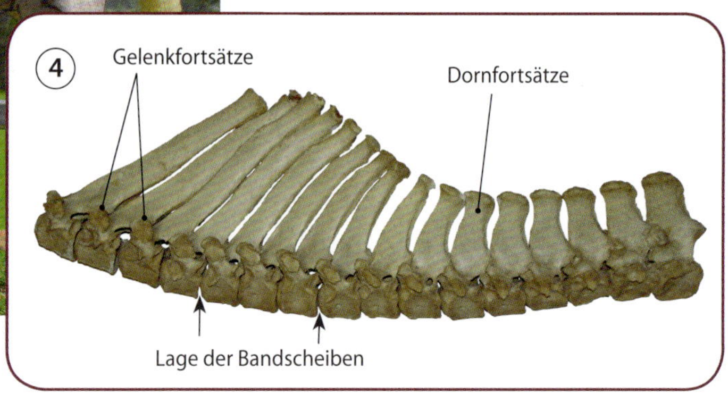

Die Haltung aus verschiedenen Ansichten

Von oben gesehen

Steht das Pferd im Rechteck, sollte die Wirbelsäule gerade sein, um ein gleichmäßiges Arbeiten auf beiden Händen zu erleichtern. Krümmungen lassen auf ein Kompensationsmuster der Wirbelsäule schließen, mit Muskelverkürzungen auf einer Seite. Aalstrich und Rippenwölbung zeigen bei diesem Pferd eine leichte Rechtskrümmung, die vermuten lässt, dass es sich auf der rechten Hand leichter arbeiten lässt.

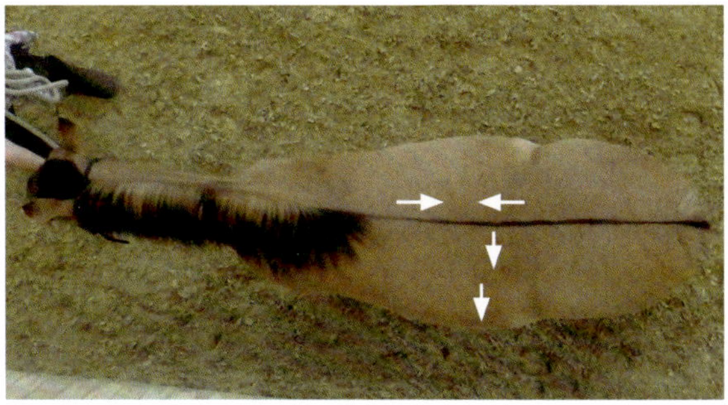

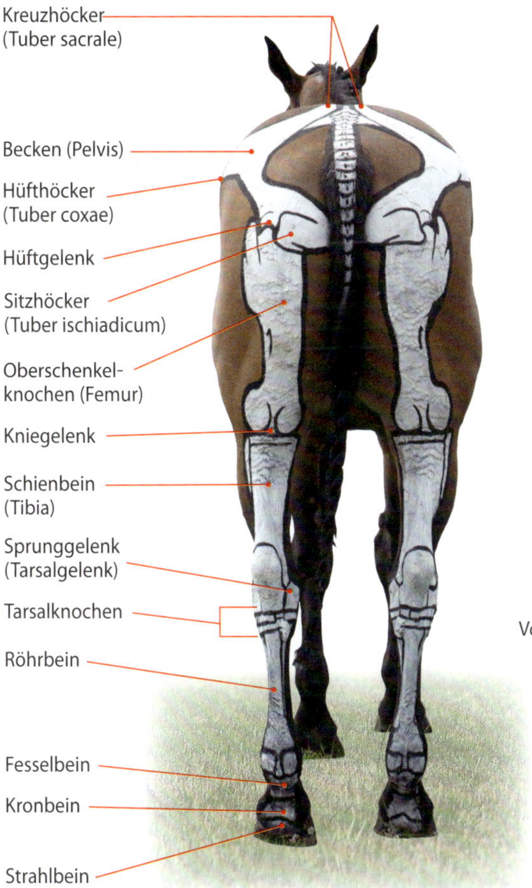

Von hinten gesehen

Steht das Pferd im Rechteck, sollte das Gewicht gleichmäßig verteilt und die anatomischen Strukturen sollten symmetrisch ausgerichtet sein. Ein Pferd mit asymmetrischer Wirbelsäule und Hinterbeinen zeigt eher Unterschiede in der Schrittlänge und asymmetrische Bewegungskurven der Hinterhufe.

Von vorne gesehen

Dieses Pferd zeigt eine gute Haltung mit in einer Linie stehenden Schultern, Ellbogen und Karpalgelenken. Das Gewicht ist gleichmäßig verteilt, die Gelenke und Brustmuskeln sind fast symmetrisch entwickelt.

Die Folgen schlechter Haltung

Folgen am Skelett

Eine schlechte Haltung kann zur falschen Ausrichtung der Wirbelsäule führen, zu unnötigen Belastungen der Gelenke und Muskeln, zu Schäden am unterstützenden Bindegewebe sowie zu chronischen Schmerzen.

Ungleichmäßige, unnatürliche Krafteinwirkung bei schlechter Haltung kann Knochenzubildungen wie Überbeine und Knochensporne hervorrufen, ebenso wie Arthrose, bei der Gelenkknorpel in Knochen umgewandelt wird. Neigt das Pferd dazu, auf der Vorhand zu arbeiten, wirken dort größere Belastungen, wodurch eher knöcherne Veränderungen auftreten und die Beweglichkeit einschränken (siehe rechts).

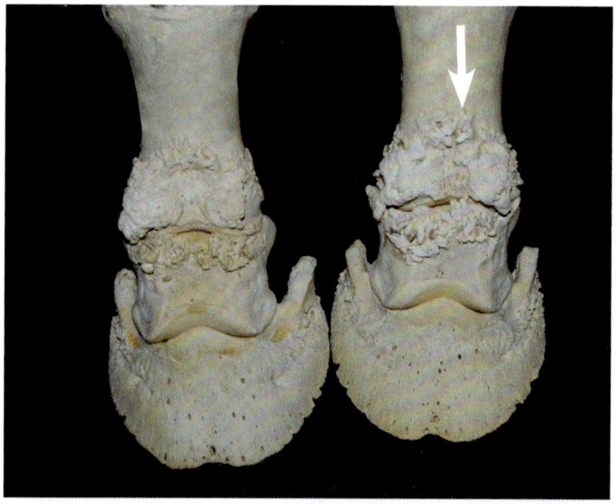

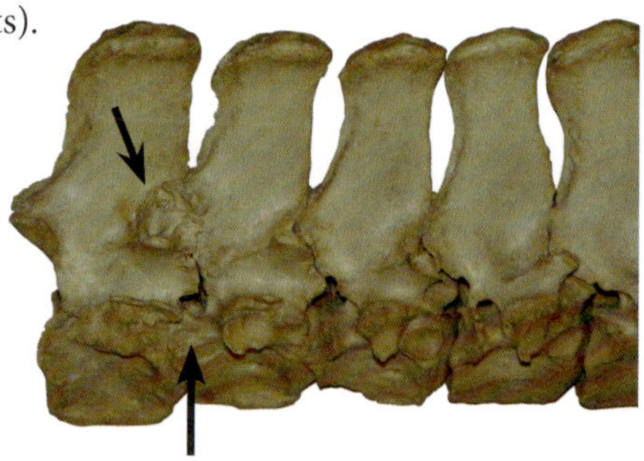

Knöcherne Zubildungen an Zwischenwirbelgelenken und Wirbelkörpern

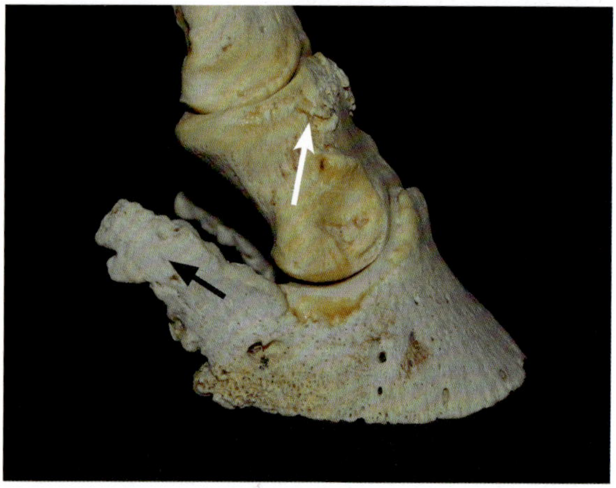

WAS SIND KISSING SPINES?

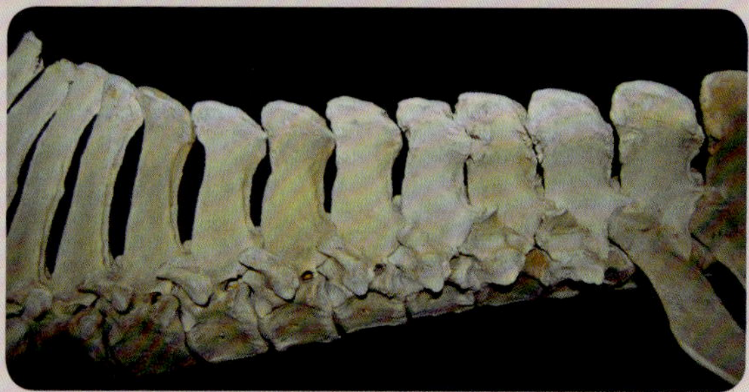

Kissing Spines, einander berührende Dornfortsätze, sind eine häufige Ursache für Rückenschmerzen, die oft mit der Haltung zusammenhängen und meist in dem Bereich auftreten, wo wir Reiter sitzen. Kommen die Dornfortsätze sich näher, wird das Zwischendornband gequetscht und zusätzliches Knochenmaterial gebildet, sodass die Dornfortsätze zusammenwachsen oder sich gar überlappen. Das Problem beginnt schleichend in Form nachlassender Leistung oder Arbeitsunwilligkeit. Manchmal ist die Erkrankung angeboren, häufig tritt sie jedoch bei Sportpferden in Dressur und Vielseitigkeit auf, vermutlich aufgrund der höheren Anforderungen, die an sie gestellt werden. Bei Freizeitpferden oder auf niedrigeren Leistungsstufen wird die Erkrankung unter Umständen gar nicht bemerkt. Kissing Spines können durch eine Röntgenuntersuchung nachgewiesen werden. Die therapeutischen Maßnahmen reichen von gymnastischen Übungen über Medikamente bis hin zur Operation.

Folgen an der Muskulatur

Muskelprobleme sind die häufigste Ursache für Rückenschmerzen beim Pferd. Eine schlechte Haltung verändert Muskellänge und -tonus, sodass manche Muskeln sich verkürzen und fest werden, während andere lang und schlaff werden. Über die Nervenbahnen werden die bereits überanspruchten Muskeln ständig rekrutiert, die unterbeschäftigten Muskeln hingegen immer schwächer. Dies kann zu übermäßiger Muskelbildung (Hyperplasie) führen, zu Muskelabbau (Atrophie), veränderten Gelenkbewegungen, fehlerhaften Bewegungsmustern und zu einem Teufelskreis aus schlechter Haltung und Muskelimbalancen.

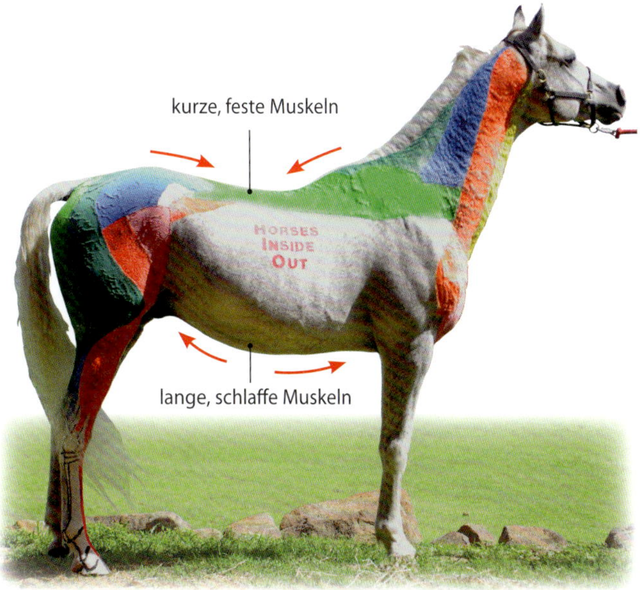

RECHTS OBEN *Bei diesem Pferd ist der Longissimus dorsi verkürzt und fest, während die Bauchmuskeln lang, schlaff und atrophiert sind, sodass der Rücken schlecht gestützt wird.*

Folgen an den Faszien

Faszien spielen eine wichtige Rolle für die Körperhaltung und umgekehrt. Sie durchziehen als eine große Einheit den gesamten Körper, umgeben und durchdringen die Muskeln und verstärken ihre Fasern entlang der Spannungslinien. Wird ein Muskel fest, verhärtet sich auch seine Faszie, wodurch Muskelketten und sogar Gelenke beeinflusst werden. Wird eine Faszie steif, schränkt sie die Beweglichkeit und Biegsamkeit ein und kann den Körper in eine andere Haltung bringen, die in manchen Fällen sogar als Normalhaltung verinnerlicht wird.

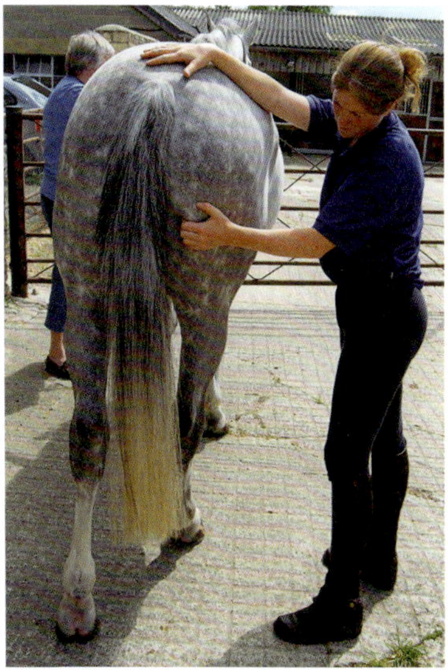

RECHTS *Ein erfahrener Therapeut kann beurteilen, welche Muskeln verkürzt und welche erschlafft sind, angemessene myofasziale Release-Techniken durchführen sowie ein passendes Programm an Dehn-, Lockerungs- und Reitübungen zusammenstellen.*

Folgen an der Durchblutung

Verspannungen in Muskeln können den Blutfluss reduzieren. Dies kann den Stoffwechsel, den Sauerstofftransport, die Anlieferung von Energie aus der Nahrung beeinträchtigen ebenso wie den Abtransport von Abfallstoffen wie toten Zellen, Toxinen und Milchsäure. Eine verminderte Durchblutung erhöht das Risiko für Muskelermüdung und Mikrotraumen in den Muskelfasern, für Muskelkater und Überlastungssyndrome.

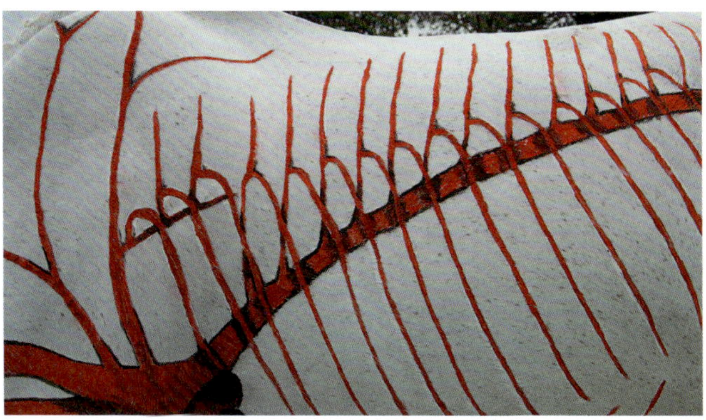

UNTEN *Muskelverspannungen können die Durchblutung stören.*

Folgen am Nervensystem

Das Nervensystem ist der komplexe Computer, der bewusste und unbewusste Reaktionen kontrolliert, Reflexe, Sinne, Verhalten und Bewegungen.

Rückenmark und Spinalnerven, die Informationen zwischen Gehirn und dem Rest des Körpers hin- und herleiten, liegen beziehungsweise entspringen im Rückenmarkskanal der Wirbelsäule. Wird der Rücken weggedrückt (gestreckt), werden die Zwischenwirbellöcher verengt und die durch sie austretenden Spinalnerven können gequetscht werden.

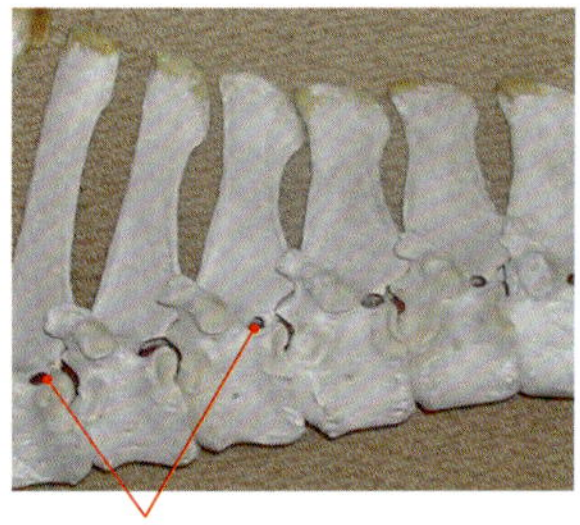

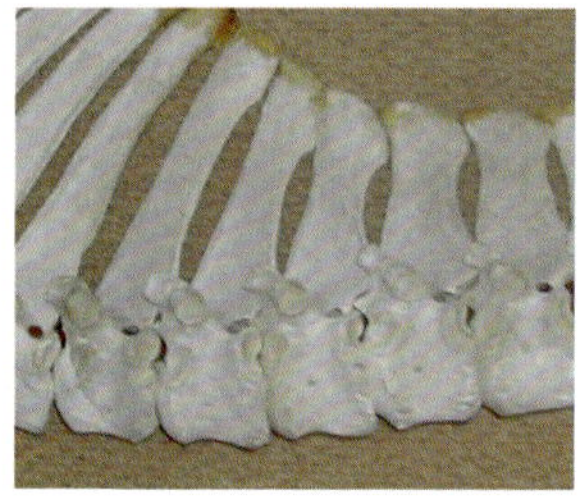

Folgen für die allgemeine Gesundheit

Manchmal kann eine schlechte Haltung innere Organe einengen und in ihrer Funktion behindern, zum Beispiel die Verdauungsorgane. Auf zellulärer Ebene kann sie das empfindliche Gleichgewicht aus Enzymen, Nährstoffen, Toxinen und Flüssigkeit innerhalb von Geweben stören.

Haltung bewahren

In der Hauptsache tragen vier Mechanismen dazu bei, die Körperhaltung aufrechtzuerhalten und den Reiter zu tragen. Sie zu verstehen, hilft Reitern, effektiver zu trainieren.

1. Position von Hals und Kopf
2. Position der Hinterbeine
3. Position des Brustkorbs
4. Beitrag der Beugerkette

1. Position von Hals und Kopf

Die Position von Kopf und Hals hängt ab vom Körperbau, von der Funktion der Wirbelsäulenbänder und der Muskelkraft sowie von der Kondition. Die Biomechanik der Wirbelsäulenbänder zu verstehen, ist nützlich für Reiter und Trainer.

Wirbelsäulenbänder

Den größten Einfluss auf die Rückenhaltung haben das Nackenband und das Dornfortsatzband.

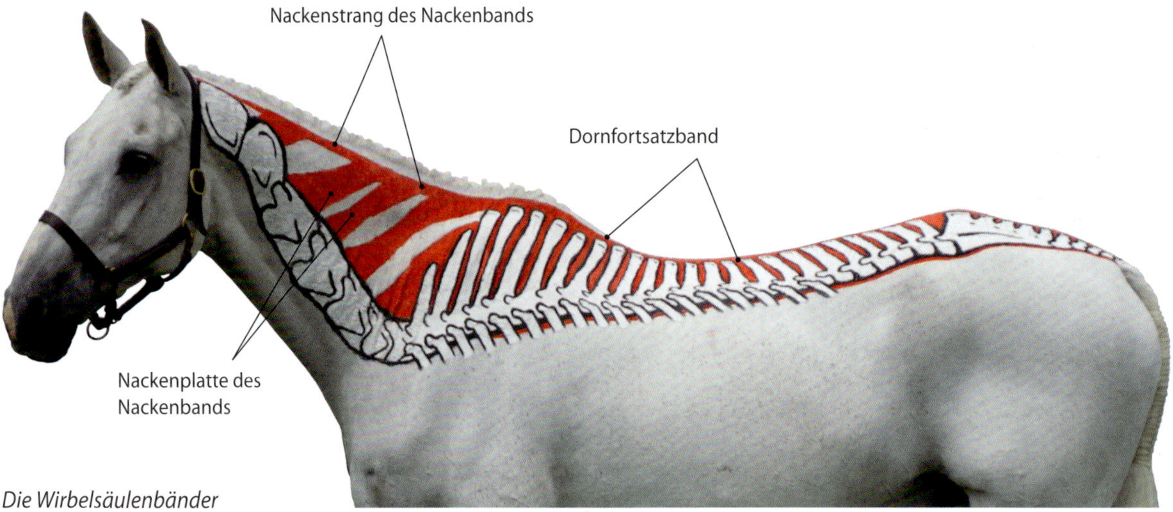

Die Wirbelsäulenbänder

Das aus zwei Teilen zusammengesetzte, elastische Nackenband (NB) hilft, Muskelkraft einzusparen und ist eine der wichtigsten Strukturen im Pferdekörper. Der Nackenstrang läuft vom Schädel über das Genick bis an die Dornfortsätze des Widerrists. Die Nackenplatte besteht aus fächerartigen Bindegewebsblättern, die zwischen dem Nackenstrang und den Halswirbelkörpern verlaufen. Das Dornfortsatzband (DB) verbindet als weniger elastische Fortsetzung des NB die Dornfortsätze der Brust- und Lendenwirbel sowie der Kreuzwirbel.

Wie die Wirbelsäulenbänder arbeiten

Das Nackenband hilft den oberen Halsmuskeln, Kopf und Hals sowie den Rücken zu tragen. Beim Grasen, Vorwärts-Abwärts-Reiten oder Beugen der Halswirbelsäule wird das Nackenband gespannt. Über die als Hebel wirkenden Dornfortsätze wird dadurch auch das Dornfortsatzband gespannt, das den Rücken hebt und stabilisiert, sodass sich die Haltung verbessert und das Reitergewicht getragen werden kann.

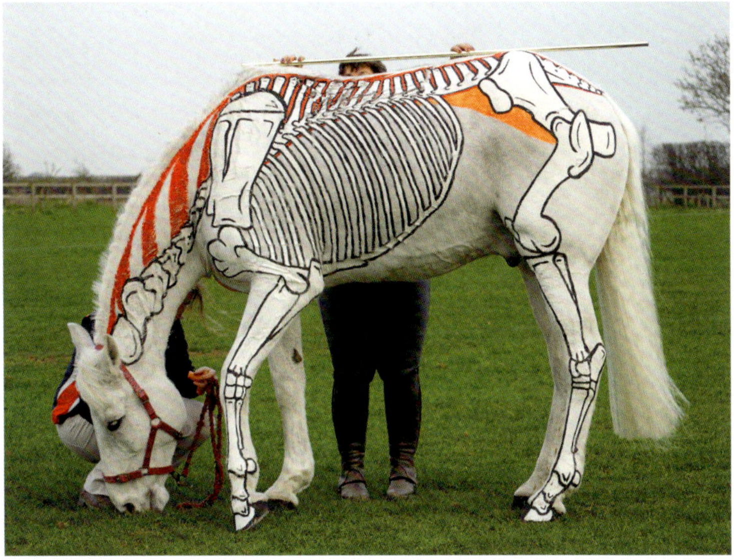

LINKS *Bei gesenktem Kopf werden Nackenband und Dornfortsatzband gespannt; der Rücken hebt sich.*

LINKS UNTEN *Hebt das Pferd den Kopf über Widerristhöhe, entspannen sich die Bänder und der Rücken wird hohler.*

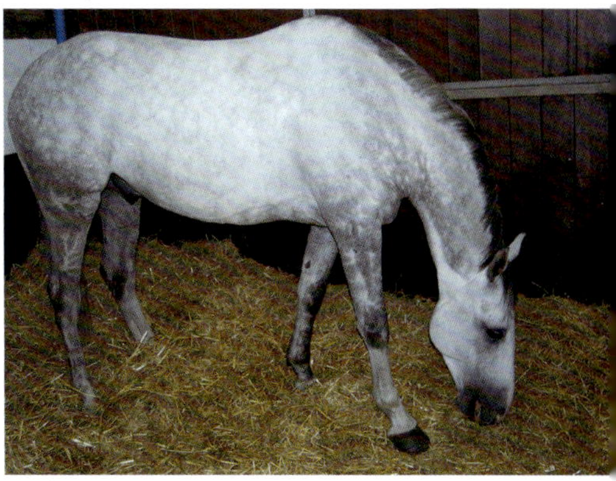

OBEN *Pferde sollten immer vom Boden fressen, um eine gute Rückenhaltung zu fördern. Ebenso fördert dies die Gesundheit von Verdauungs- und Atmungsapparat und einen niedrigen Blutdruck.*

2. Position der Hinterbeine

Je weiter die Hinterbeine unter den Rumpf kommen, desto besser können sie eine gute Rückenhaltung unterstützen. Ihre Stellung ist abhängig von der Ausprägung der Gelenke, Muskeln und Bänder.

Iliosakralgelenk

Das Kreuzdarmbeingelenk (Iliosakralgelenk, ISG) verbindet die Wirbelsäule mit dem Becken als oberstem Knochen der Hintergliedmaße. Der Darmbeinflügel und der große Querfortsatz des ersten Kreuzwirbels sind über ein straffes Gelenk mit wenig Gelenkflüssigkeit und geringer Beweglichkeit miteinander verbunden, das durch sehr starke ventrale und dorsale Kreuzdarmbeinbänder stabilisiert wird.

Lumbosakralgelenk

Am Übergang vom letzten Lendenwirbel zum Kreuzbein, dem Lumbosakralgelenk (LSG), ändert sich die Richtung, in die die Dornfortsätze zeigen, was als Lücke zwischen den Dornfortsätzen von außen fühlbar ist. Das LSG ist ein Scharniergelenk und nach Hals und Schwanz die beweglichste Region der Wirbelsäule. Die Beugung des LSG erlaubt dem Pferd, den Rücken rund zu machen und das Becken abzukippen im Galopp, beim Springen, bei Dressurlektionen oder beim Sliding Stop im Westernreiten.

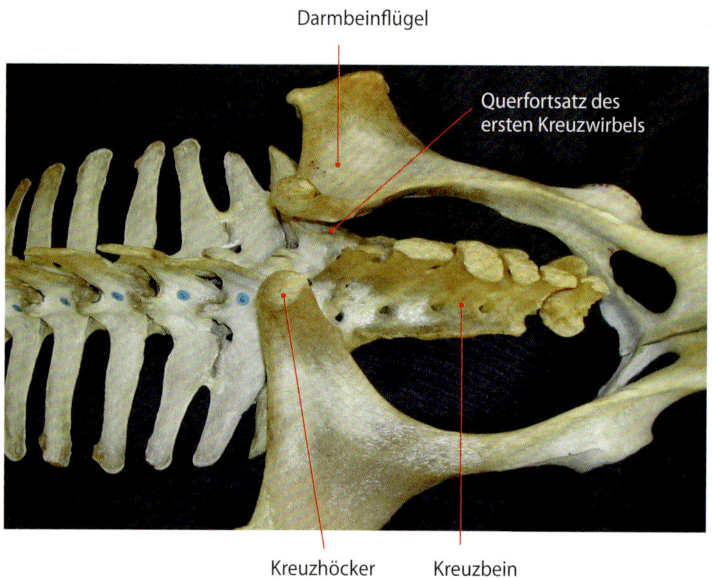

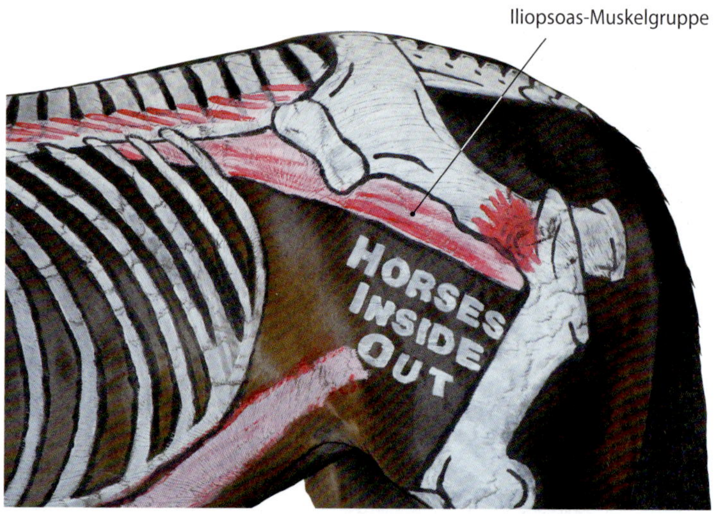

Die Iliopsoas-Muskeln sind wichtige Beuger von LSG und Hüftgelenk.

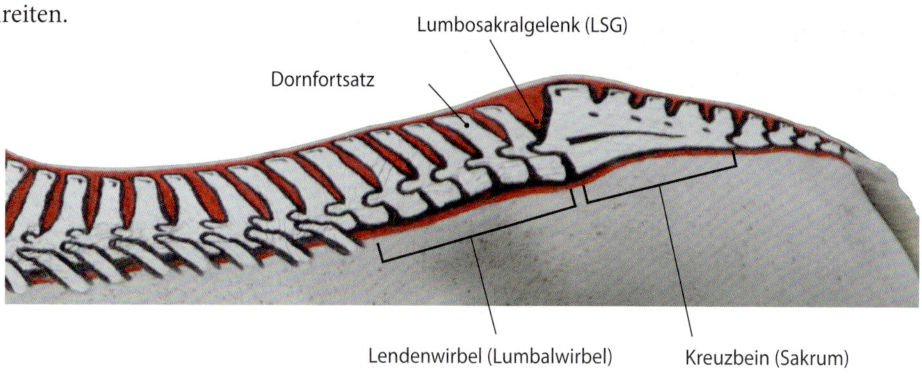

Streckung des LSG erlaubt dem Pferd, den Rücken zu strecken, das Becken zu kippen und die Beine nach hinten zu strecken, beispielsweise im Galopp, beim Springen oder Ausschlagen. Seitwärtsbiegung oder Drehung des LSG sind nicht möglich.

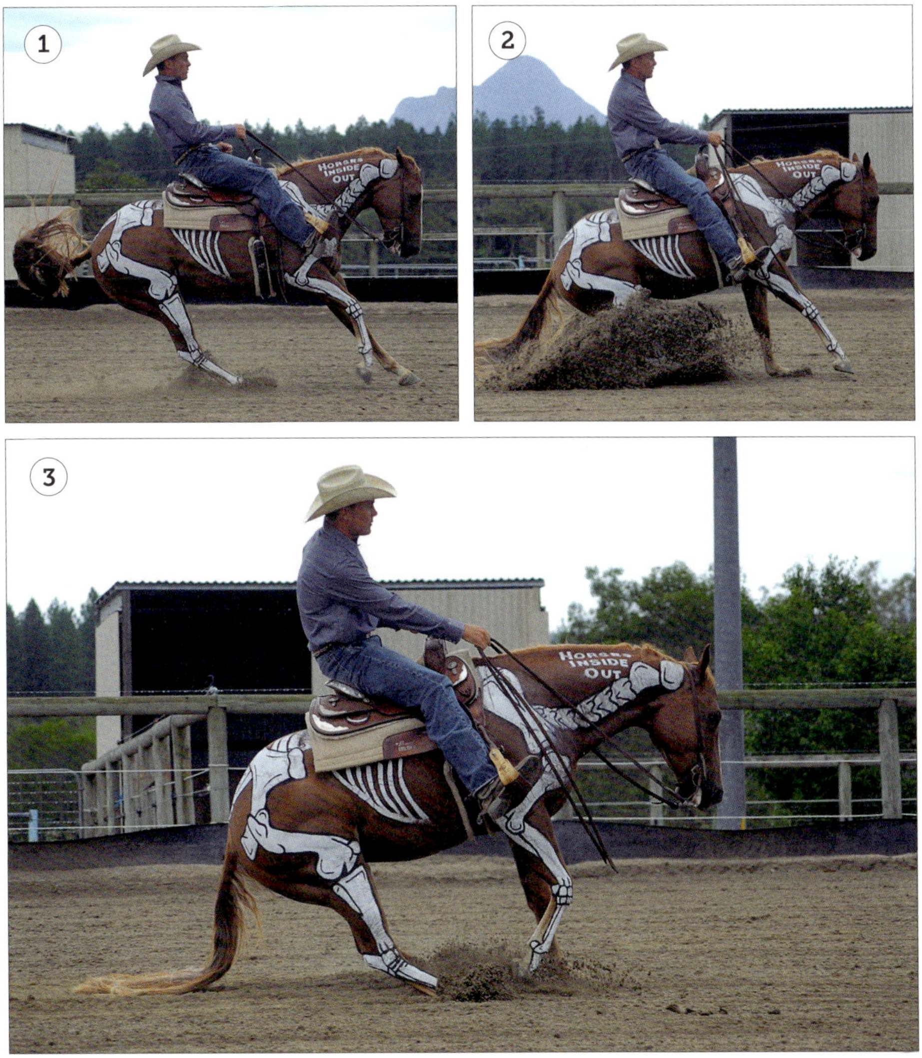

1–3 Obwohl das Becken hier sichtbar abkippt, kommt die Bewegung aus dem LSG, also der Wirbelsäule, und nicht durch die Beweglichkeit zwischen Wirbelsäule und Becken.

Wirbelsäulenbänder

Das Dornfortsatzband (DB) stabilisiert auch die Lenden- und Kreuzwirbel. Ähnlich wie das NB am DB zieht, wirkt sich die Position des Kreuzbeins auf die Lendenwirbel aus.

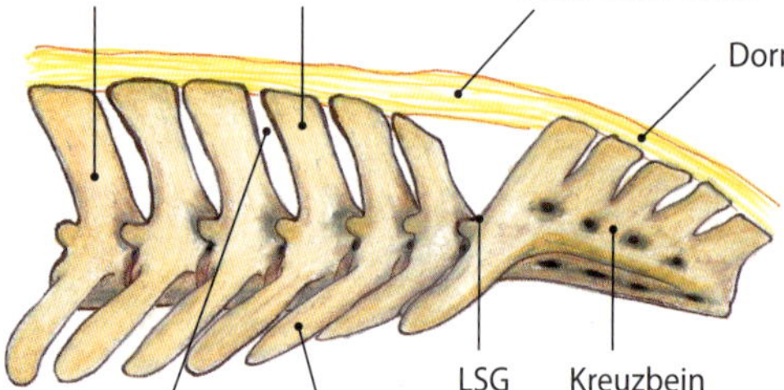

Bild 1: neutrale LSG-Position

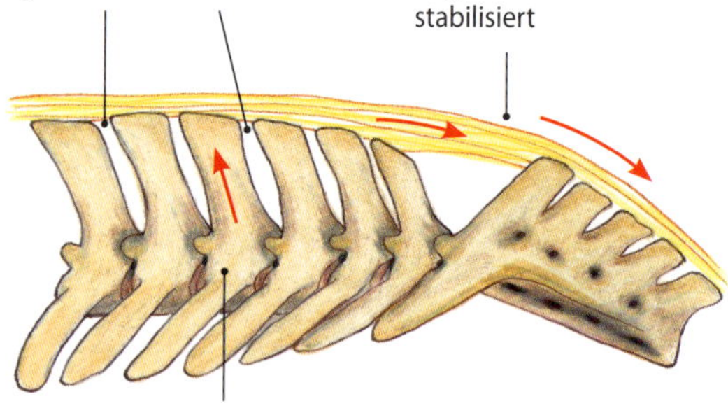

Bild 2: gebeugte LSG-Position

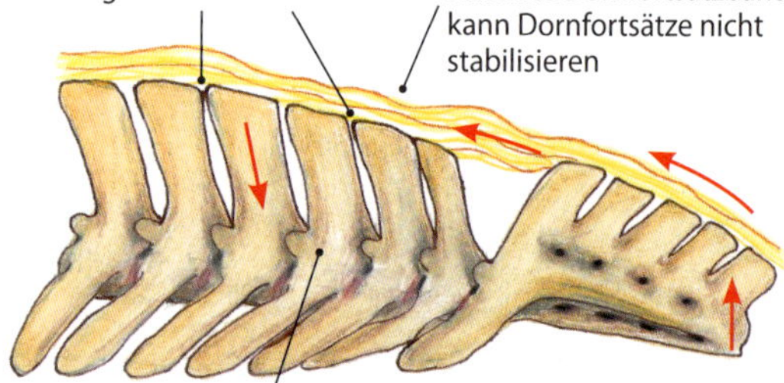

Bild 3: gestreckte LSG-Position

Wird das LSG gebeugt und das kaudale (hintere) Ende des Kreuzbeins zeigt nach unten (Bild 2), zieht das Dornfortsatzband an den Dornfortsätzen und die hintere Brustwirbel- sowie die Lendenwirbelregion des Rückens heben sich. Ist das LSG gestreckt und das hintere Kreuzbeinende zeigt nach oben, sind die Bänder schlaff und nicht in der Lage, die Rückenwirbelsäule zu tragen.

Hüftgelenk

Das Hüftgelenk ist ein Kugelgelenk zwischen dem Oberschenkelkopf und dem Becken. Es kontrolliert, wie viel Protraktion und Retraktion der Hinterbeine möglich ist und erlaubt Seitwärtsbewegungen des Hinterbeins nach außen weg (Abduktion) sowie das Kreuzen der Beine unter dem Rumpf (Adduktion). Sein Bewegungsradius wird durch starke Gelenkbänder begrenzt und durch die über ihm liegenden großen Kruppenmuskeln.

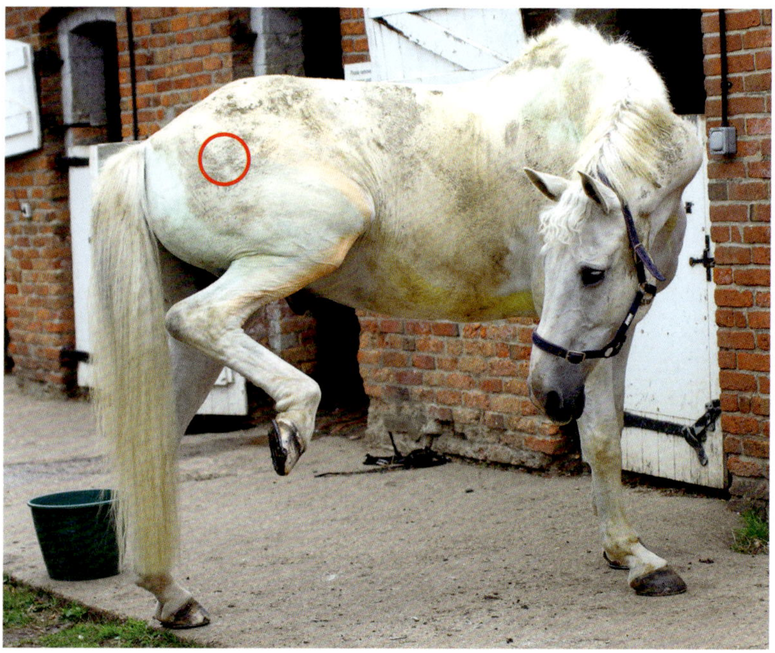

RECHTS *Eine Demonstration der Hüftrotation*

Kniegelenk

Das Knie ist ein zusammengesetztes Gelenk aus Oberschenkelknochen, Schienbein und Kniescheibe. Drei Kniescheibenbänder verbinden die Kniescheibe mit dem Schienbein. Kleine Knorpelscheiben, die Menisken, helfen zusammen mit der Gelenkflüssigkeit dabei, Erschütterungen abzufangen und das Gelenk zu schmieren.

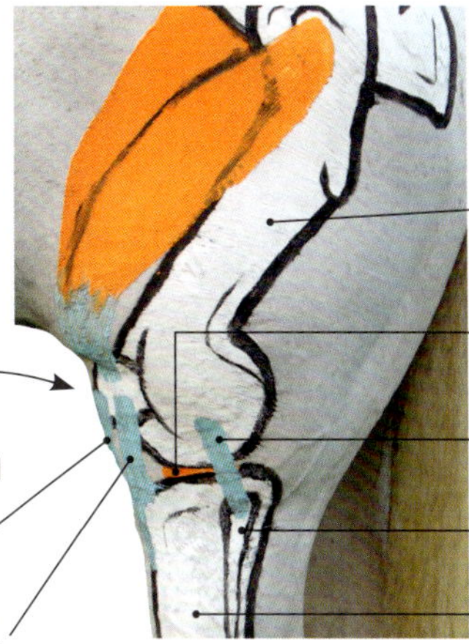

Sprunggelenk

Das zwischen Schienbein und Röhrbein gelegene Sprunggelenk (Tarsus) ist eines der am meisten belasteten, komplexesten Gelenke des Körpers. Es ist aus vielen kleinen Gelenken zusammengesetzt, die von vielen Bändern und Gelenkkapseln zusammengehalten werden, sodass es nur Beugung und Streckung in einer Ebene zulässt. Die oberste Gelenkebene zwischen Schienbein und Sprungbein (Talus) ist sehr beweglich, während die Ebenen darunter weitgehend unbeweglich sind. Da das Sprunggelenk hohen Erschütterungs-, Gewichts- und Rotationskräften ausgesetzt ist, zeigen sich hier am häufigsten belastungsbedingte Verletzungen der Hinterhand.

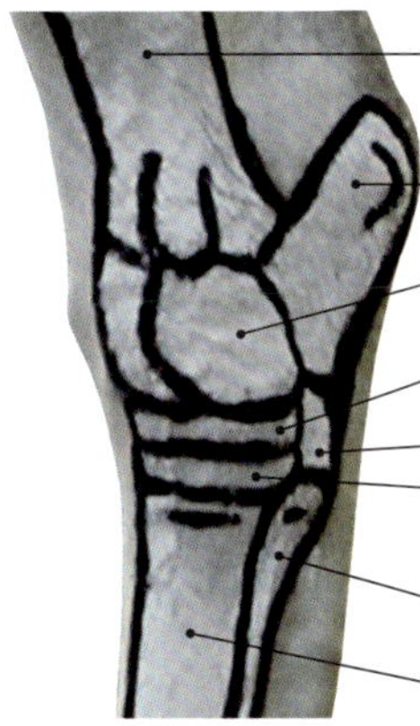

DER KNIESEHNENMECHANISMUS

Das Pferd kann die Kniescheibe „einhaken", indem es das innere Kniescheibenband über einen Vorsprung auf der Femurinnenseite schiebt. Einmal eingehakt, ist kaum noch Muskelkraft nötig, um die Position zu halten. Mehr Gewichtsbelastung macht das Knie nur noch fester. Um das Knie zu lösen, wird die Kniescheibe vom Quadriceps und vom Gluteofemoris nach oben und etwas nach lateral gezogen. Danach kann die Kniescheibe in der Rollfurche wieder frei nach oben und unten gleiten.
Bei manchen Pferden kann sich das Kniescheibenband in Streckstellung verhaken, was als leises Klicken oder Rucken wahrzunehmen ist, wenn das Pferd aus dem Stand wieder einen Schritt nach vorne macht, oder das Kniegelenk blockiert völlig, sodass das Pferd nicht vorwärtsgehen kann. Üblicherweise lässt sich das blockierte Knie durch Rückwärtsrichten wieder lösen. Junge Pferde können ein leichtes Haken der Kniescheibe zeigen, wenn ihre Oberschenkelmuskeln noch schwach oder ermüdet sind. Sie können von Kräftigungsübungen wie Rückwärtsrichten, Arbeit an Steigungen, mit Stangen oder im Wasser profitieren. Bleiben die Probleme bestehen, gibt es verschiedene tierärztliche Behandlungsmöglichkeiten.

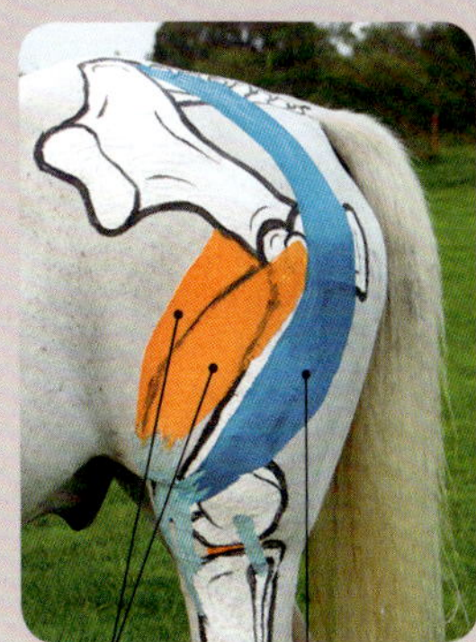

Die Spannsägenkonstruktion

Wird das Kniegelenk gebeugt, muss sich auch das Sprunggelenk beugen. Ebenso können nur beide Gelenke gleichzeitig gestreckt werden. Grund dafür ist ein hoher Anteil unelastischer Bindegewebsfasern im oberflächlichen Zehenbeuger und im Peroneus tertius, der sie eher als Sehnen funktionieren lässt denn als Muskeln. Da die oberflächliche Beugesehne bis an das Kronbein zieht, wirkt sich eine Beugung des Sprunggelenks auch auf die Fessel aus.

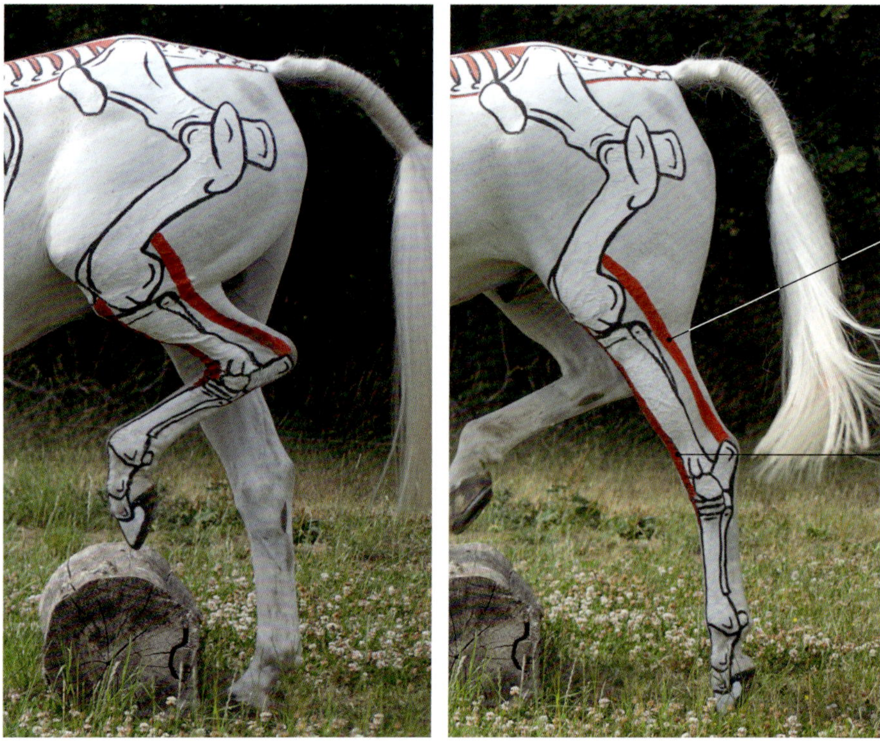

Beugt oder streckt sich das Knie, findet die gleiche Bewegung im Sprunggelenk statt.

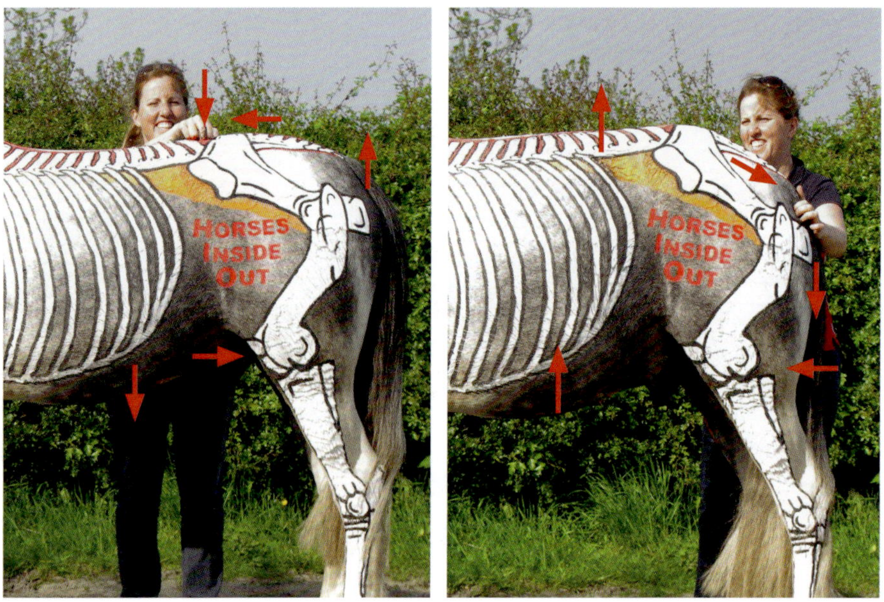

Wird das LSG gestreckt, wird der Rücken hohl und das Knie bewegt sich nach hinten. Dies liegt am hinteren Stehmechanismus und erklärt, weshalb ein Pferd nicht über den Rücken arbeiten kann, wenn die Hinterbeine nicht untertreten. Umgekehrt kommen die Knie nach vorne, wenn sich der Rücken hebt, sodass die Hinterhand gut unter den Körper treten und den Rücken stützen kann.

Hinterer Stehmechanismus

Der hintere Stehmechanismus ist ein System aus Muskeln, Sehnen und Bändern, die die Gelenke des Hinterbeins fixieren, sodass das Pferd nur wenig Muskelkraft benötigt, um zu stehen oder stehend zu schlafen, während es ein Bein entlastet. Er hat auch Einfluss auf die Haltung und die Gelenkbewegungen. Vier Hauptelemente gehören zum Stehmechanismus des Hinterbeins:

1. Hinterbackenmuskeln
2. Kniesehnenmechanismus
3. Spannsägenkonstruktion
4. Sehnen und Bänder der unteren Gliedmaße

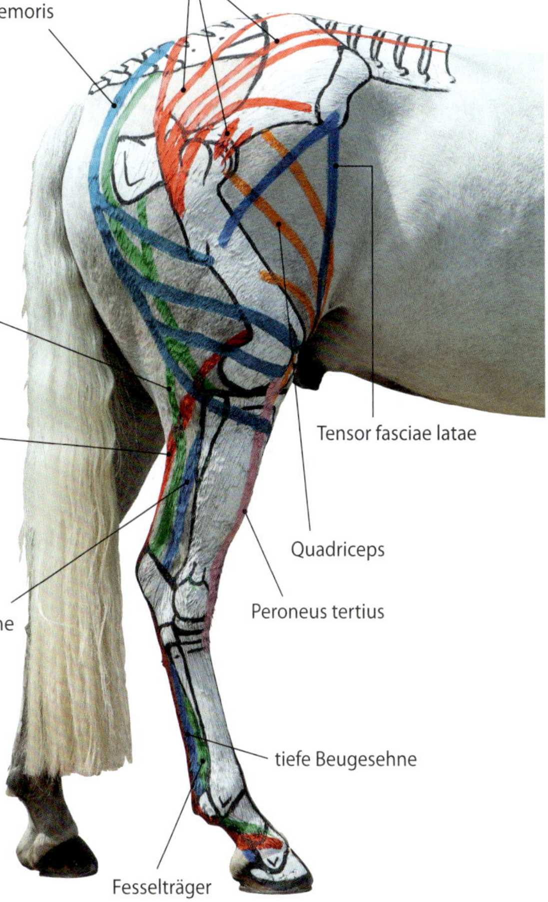

RECHTS *Die Linien in der Abbildung zeigen, wie die Muskeln, Sehnen und Bänder des Stehmechanismus miteinander verbunden sind.*

An diesem Pferd sieht man, wie sich die Beugung des LSG in Hüfte, Knie und Sprunggelenk fortsetzt. Es ist biomechanisch unmöglich für ein Gelenk, unabhängig von den anderen zu arbeiten.

Hier wird demonstriert, wie sich durch die Mechanik des Stehmechanismus alle Hinterhandgelenke als Einheit anwinkeln, um aus der Winkelung den Aufwärtsschub für den Sprung zu entwickeln.

3. Position des Brustkorbs

Da das Pferd kein Schlüsselbein besitzt, trägt die thorakale Muskelschlinge das Gewicht des Brustkorbs (Thorax) zwischen den Vorderbeinen. Durch entsprechendes Training kann die thorakale Muskelschlinge gekräftigt und tonisiert werden, sodass sie den Thorax in einer höheren Position hält, was sich positiv auf die Haltung auswirkt.

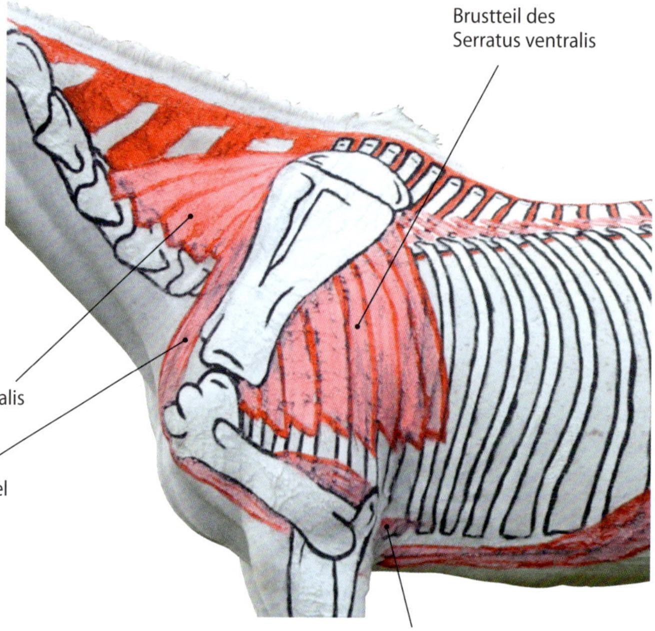

Auf den Halsansatz wirkende Muskeln

Neben der thorakalen Muskelschlinge tragen auch die Muskeln an der Unterseite des zervikothorakalen Übergangs zu einer guten Haltung bei.

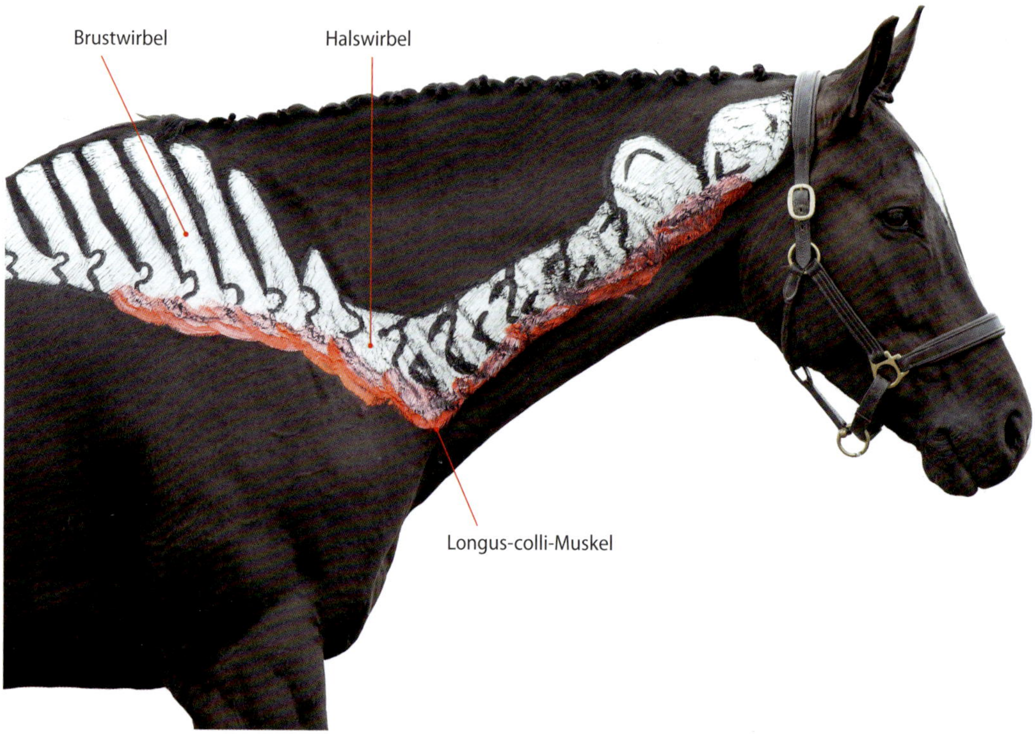

4. Beitrag der Beugerkette

Die Muskeln der Beugerkette und der Streckerkette müssen zueinander im Gleichgewicht sein, um die ideale Haltung und ideale Bewegungen zu ermöglichen. Pilates-ähnliche Übungen sind ein ausgezeichneter Weg, dieses Gleichgewicht zu fördern.

Vier Muskelblätter überziehen den Bauch, tragen die Bauchorgane und heben und beugen den Rücken. Als Gegenspieler der Rückenstreckmuskeln müssen sie gut tonisiert sein, um als starke Kernmuskeln für einen starken Rücken sorgen zu können.

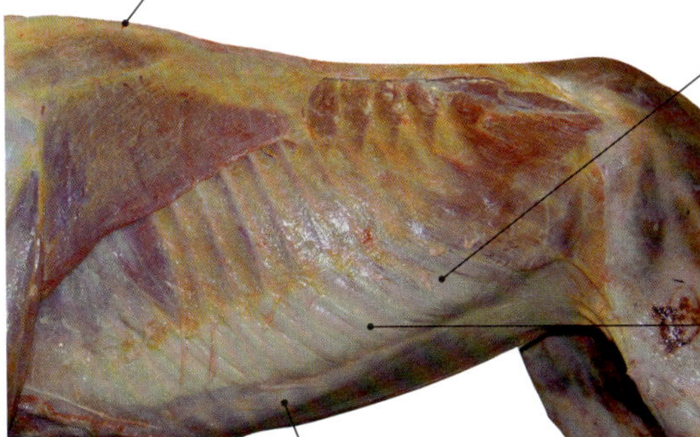

ZUSAMMENFASSUNG

- Eine gute Haltung lässt sich durch Training fördern und ist für jedes Pferd essenziell.
- Langanhaltende Haltungsprobleme, durch die einige Muskeln überbeansprucht werden und andere verkümmern, beeinträchtigen Muskeln, Skelett, Faszien und Nervensystem.
- Um einen guten Muskeltonus, eine gute Haltung und eine korrekte Ausrichtung der Wirbelsäule zu fördern, sollte das Pferd immer zielgerichtet bewegt und geritten werden.
- Die vier wichtigsten Mechanismen für die Haltung sind:
  1. Position von Hals und Kopf
  2. Position der Hinterbeine
  3. Position des Brustkorbs
  4. Entwicklung und Tonus von Beuger- und Streckerkette

4 Prinzipien des Trainings

Die Systeme trainieren

Auf jeder Leistungsstufe muss das Pferd vor einem Wettkampf körperlich fit sein, also die gewünschte Leistung mit Leichtigkeit erbringen können. Deshalb müssen die Organsysteme so trainiert werden, dass sie zuverlässig und ohne Überlastungs- oder Verletzungsrisiko ihre Leistung erbringen. Alle Systeme reagieren am besten auf eine schrittweise Steigerung von Art, Umfang und Intensität der Anforderungen. Besonders junge, untrainierte Pferde müssen ausreichend Zeit haben, durch ein Basistraining langsam kräftiger zu werden, bevor spezielle Anforderungen einer Disziplin an sie gestellt werden.

RUHEWERTE EINES GESUNDEN PFERDES

Temperatur: 37,2–38,3°C

Puls/Herzfrequenz: 35–42 Schläge pro Minute

Atemfrequenz: 10–18 Atemzüge pro Minute

Herzkreislauf-Fitness

Als wichtigste Anpassung an körperliche Belastung kann das Pferd das von seinem Herzen pro Minute gepumpte Blutvolumen enorm steigern. Bei maximaler Belastung kann die Herzfrequenz auf bis zu 240 Schläge pro Minute steigen, wodurch mehr Blut in die Muskeln gelangt. Das Herz eines ruhigen, fitten Pferdes pumpt mit jedem Schlag etwa einen Liter Blut in die Aorta. Unter Belastung können es bis zu 1,7 Liter sein. Wird mehr Blut durch den Körper gepumpt, erhöht sich der Blutdruck, das Pferd kann effizienter aerob Energie nutzen und dadurch länger und härter arbeiten.

Einflüsse wie anstrengendes Training (z.B. im steilen Gelände, mit häufigen Gangartwechseln), Aufregung, Angst, Stress, Schmerzen, Infektionen oder Koliken erhöhen die Herzfrequenz, während bessere Fitness, Entspannung und Wohlbefinden sie senken. Während des Trainings die Herzfrequenz zu messen, kann zu interessanten Erkenntnissen führen und Rückschlüsse auf die Fitness des Pferdes erlauben.

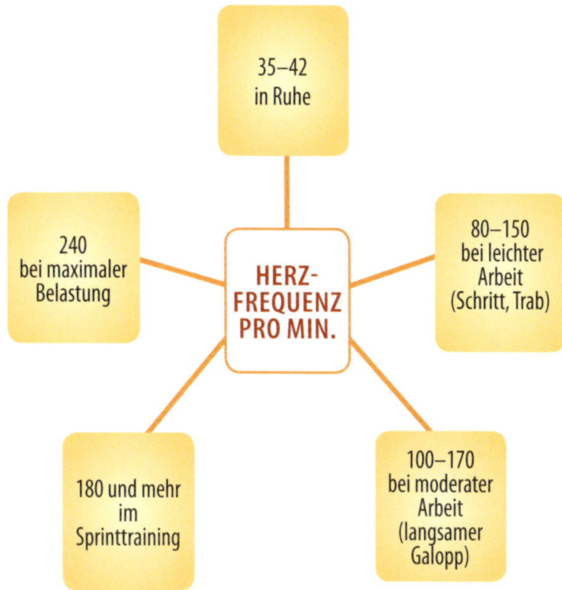

OBEN *Dieses Diagramm zeigt die zu erwartenden Herzfrequenzen pro Minute bei verschiedenen Belastungen.*

Hier sind die großen Venen zu sehen, die das Blut aus der Muskulatur zurück zum Herzen leiten.

Atemsystem-Fitness

Das Atemsystem bringt den für die Muskelarbeit nötigen Sauerstoff in die Lunge, von wo er im Austausch gegen Kohlendioxid ins Blut gelangt und im Körper verteilt wird. Die Lungenfunktion ist sehr wichtig für die Leistungsfähigkeit. Im Galopp macht das Pferd bei jedem Galoppsprung einen Atemzug, sodass seine maximale Atemfrequenz von der Schrittfrequenz abhängt. Die Effizienz der Atmung wird limitiert durch das Lungenvolumen, den Durchmesser der Atemwege von den Nüstern bis zu den Bronchien, die Gangart und den gewählten Rahmen. Die Leistung des Atemsystems lässt sich nicht so stark durch Training verbessern wie die des Herzkreislaufs.

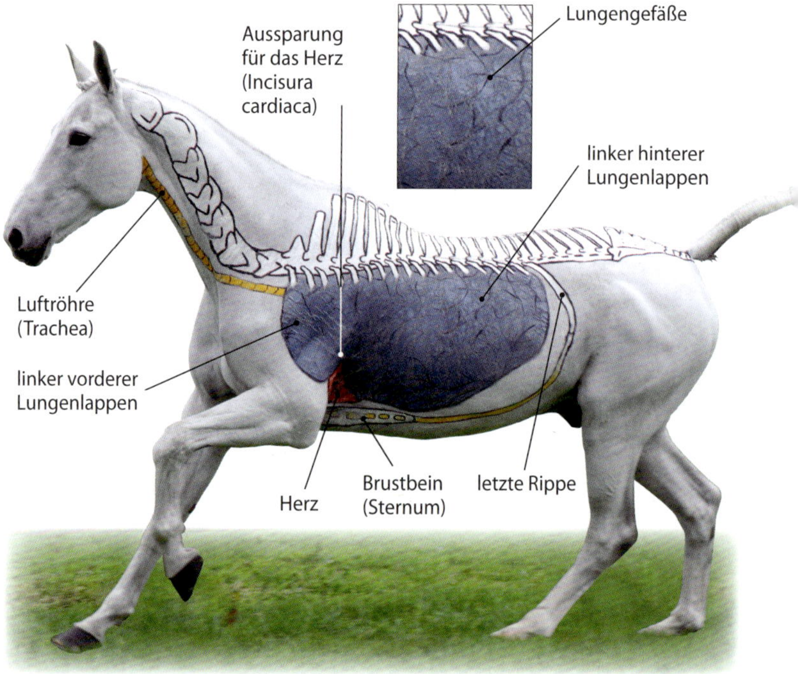

Hauptaufgabe des Atemsystems ist es, Sauerstoff in die Lungen zu bringen.

1. Ausdauerbewegungstraining ist die Basis jedes Konditionstrainings. Es kann unter dem Reiter, an der Longe, am langen Zügel oder im Führgerät stattfinden. Bei einem zuvor fitten Pferd kann es nach drei Monaten Weidegang mindestens sechs Wochen dauern, bis es wieder die gewünschte Fitness erreicht.

Die drei wichtigsten Arten des Herz-Kreislauf-Trainings

2. Intervalltraining verbessert die aerobe Kapazität durch den Wechsel kurzer Phasen schneller Arbeit, in denen die Herzfrequenz auf 180 Schläge pro Minute gesteigert wird, mit Schrittpausen, in denen sie wieder auf 100 sinkt. Mit steigender Fitness werden die benötigten Erholungszeiten kürzer.

3. Sprinttraining verbessert die anaerobe Kapazität. Es wird meist bei Renn- und Vielseitigkeitspferden eingesetzt, jedoch können alle Pferde von gelegentlichem, an ihr Alter und ihren Fitnesstand angepasstem Sprinttraining profitieren. Um den Muskeln ausreichend Erholung zu gewähren, sollte es nicht öfter als jeden fünften Tag stattfinden.

Muskel- und Knochenfitness

Knochen stärken

Durch gesunde Ernährung und Bewegung gestärkte Knochen sind eine Voraussetzung für gute Leistungen und Schutz vor Lahmheit.

Knochenumbau

Gesunder Knochen ist stark, aber nicht brüchig. Um sich an mechanische Belastungen anzupassen und den Kalziumbedarf zu decken, wird er fortwährend umgebaut, was als Wolffsches Gesetz bekannt ist. Die maximale Knochendichte erreichen Pferde in der Regel erst mit sechs Jahren, wenn viele von ihnen bereits geritten und im Sport genutzt werden. Pferde müssen auf verschiedenen Untergründen gearbeitet werden, um die maximale Knochenstabilität zu erreichen. Werden sie nur auf weichem Boden gearbeitet oder verbringen viel Zeit in der Box, steigt die Gefahr erschütterungsbedingter Knochenprobleme, wenn sie auf hartem Boden gehen müssen, im Vergleich zu Pferden, die täglich nur kurz, zum Beispiel im Arbeitstrab oder langsamen Galopp, auf etwas härterem Grund gehen. Beispielsweise löst eine trockene Rasenfläsche im Sommer mehr Knochenantwort aus als Sandboden.

Knochen brauchen mäßige Erschütterungskräfte, um ihr Stärkerwerden zu stimulieren. Pferde auf der Straße zu führen kann als Teil des Ausdauerbewegungstrainings gerade jungen und unfitten Pferden genügend G-Kräfte bieten, um den Knochenaufbau zu stimulieren, ohne dass zu starke Erschütterungen einwirken. Mit dieser Art von Bewegung lassen sich auch Sehnen effektiv festigen.

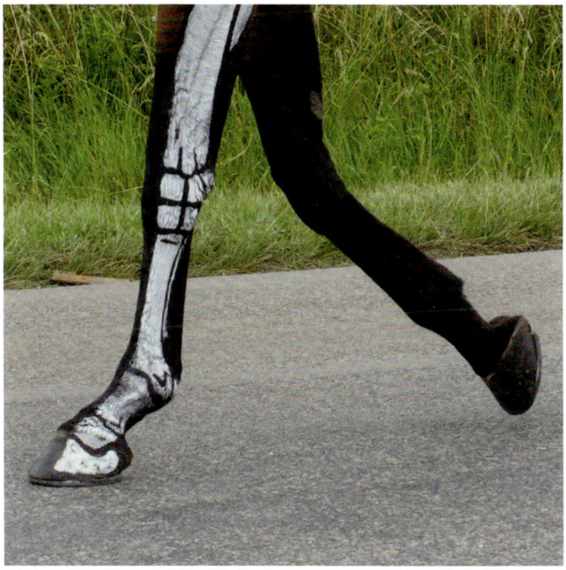

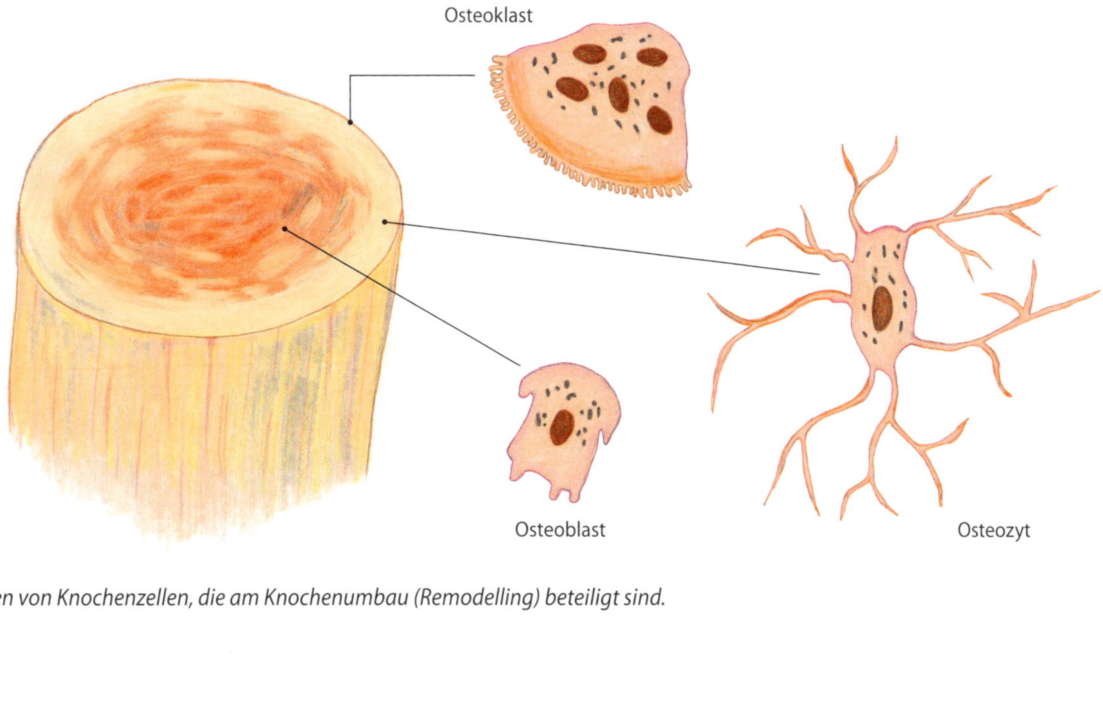

Drei Arten von Knochenzellen, die am Knochenumbau (Remodelling) beteiligt sind.

OBEN *Dehn- und Kraftübungen für die Muskulatur trainieren gleichzeitig das Bindegewebe. Ein starkes, geschmeidiges Pferd hat eher stabile Gelenke und den nötigen Muskeltonus, um ausdauernd, ausdrucksvoll, sauber und ausbalanciert in gesunder Haltung zu arbeiten. Es wird besser mit verschiedenartigem Gelände und jeder verlangten Geschwindigkeit oder Richtung zurechtkommen. Verkürzte, feste Muskeln behindern hingegen die Bewegungen und tragen zu schlechten Leistungen oder Verletzungen bei.*

Muskeln stärken

Starke, geschmeidige Muskeln gehen Hand in Hand mit einem gut trainierten Herzkreislaufsystem, da mehr verfügbarer Sauerstoff den Muskeln erlaubt, effizienter zu arbeiten. Um mehr Muskelfasern aufzubauen, müssen sich die Muskeln wiederholt kontrahieren. Intensität, Dauer und Frequenz der Übungen müssen also erhöht werden. Ein regelmäßiges, strukturiertes und an Alter, Rasse, Fitness und Kondition des Pferdes angepasstes Trainingsprogramm ist nötig. Da Muskeln sich langsam anpassen und stärker werden, führen zu hohe Belastungen in Form von Geschwindigkeit, Strecken oder Reitergewicht bei Pferden, die sie noch nicht erbringen können zu müden, steifen, schmerzhaften und manchmal beschädigten Muskeln. Das verzögert den Erfolg des Krafttrainings nur. Um den Muskeln ausreichend Erholungszeit zu geben, sollte gezieltes, intensives Krafttraining nur zwei- bis dreimal pro Woche stattfinden.

Muskeln dehnen

Dehnübungen sind ein wichtiger Teil der Arbeit unter dem Reiter. Egal ob sie als Teil des Auf- oder Abwärmens oder als alleinige Aktivität durchgeführt werden, tragen sie viel zur Muskelfitness bei und haben enorme Vorteile für Pferd und Reiter. Sie:

- halten die Muskeln geschmeidig, fördern Körperwahrnehmung, Koordination, athletische Möglichkeiten und reduzieren Steifheit.
- verlängern die Muskelfasern für maximale Beweglichkeit.
- verringern Spannung an Gelenken, Sehnen, Muskeln und Bändern.
- verbessern Blut- und Lymphzirkulation, sodass sich Sauerstoff und Nährstoffe in den Muskeln anreichern.
- tragen zum effizienten Abtransport von Toxinen und Abfallstoffen bei; ein wichtiger Faktor zur Vorbeugung gegen Ermüdung und zur Verkürzung von Erholungszeiten.
- fördern physische und psychische Entspannung.

Dehnen ist ein wichtiger Teil der gerittenen Arbeit.

Arten der Dehnung

Die folgenden Fotos zeigen die zwei wichtigsten Arten von Dehnübungen.

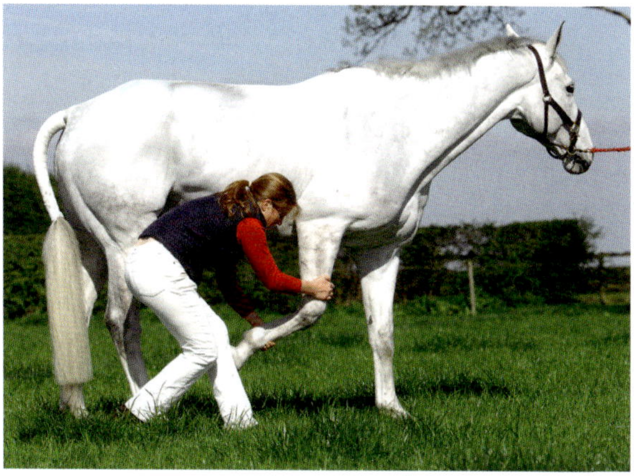

Passives Dehnen *wird vom Menschen ausgeführt. Das Pferd sollte aufgewärmt und entspannt sein, da kaltes, schlecht durchblutetes Bindegewebe verletzungsanfälliger ist.*

Aktives Dehnen *kann unter dem Reiter, bei der Bodenarbeit oder mithilfe von Karotten stattfinden. Das Pferd selbst muss dabei durch seine Bewegungen die Dehnung initiieren.*

Beim passiven Dehnen sollten Sie:

- langsam beginnen, die maximale Dehnung 5–15 Sekunden halten, damit die Fasern sich entspannen können, bevor Sie die Dehnung ein wenig weiter führen.
- ein machbares Programm in Ihre Alltagsroutine integrieren.
- Geduld haben! Erfolge stellen sich erst bei regelmäßigem, beständigem Üben ein.

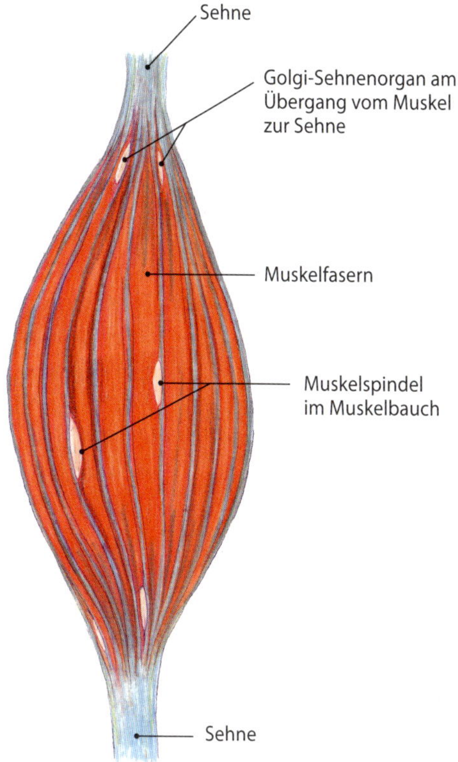

Der Dehnreflex

Dies sind die beiden wichtigsten Dehnungsrezeptoren, die den Status der Muskeln an das zentrale Nervensystem übermitteln, die Muskellänge regulieren, die Muskelarbeit koordinieren helfen und Überdehnungen von Muskeln und Bindegewebe verhindern. Wird ein Muskel zu schnell gedehnt, lösen sie den Dehnreflex aus und der Muskel zieht sich automatisch zusammen. Das schützt die Muskeln vor Verletzungen und erklärt, weshalb es so wichtig ist, langsam zu dehnen. Die Dehnung so lange wie möglich zu halten, erlaubt den Dehnungsrezeptoren, sich anzupassen, sodass der Muskel sich verlängern kann. Auch in Bewegung spielen die Dehnungsrezeptoren eine nützliche Rolle. Wird ein Muskel schnell und kraftvoll gedehnt, zum Beispiel bei der Landung nach einem Sprung, antworten die Rezeptoren mit einer starken Kontraktion des Muskels. Dem landenden Pferd hilft dies, sich kraftvoll für den nächsten Schritt abzustoßen. Je plötzlicher ein Muskel gedehnt wird, desto stärker kontrahiert er.

Knorpel, Sehnen und Bänder konditionieren

Im starken Galopp, bei der Landung nach einem hohen Hindernis oder bei schweren Dressurlektionen werden die Sehnen im unteren Bein aufs Äußerste gespannt, da sie ein Mehrfaches des Körpergewichts aushalten müssen (siehe rechts).

Sehnen- und Bandverletzungen, die lange Erholungspausen nach sich ziehen, entstehen oft durch wiederholte Überlastung bei anspruchsvollen sportlichen Bestrebungen. Ein stufenweise aufgebauter Trainingsplan kann das Verletzungsrisiko reduzieren. Ebenso wie Knochen reagieren Sehnen gut auf Spaziergänge auf hartem Untergrund. Bei Sehnen- und Bandverletzungen sollten Sie unbedingt einen Tierarzt konsultieren. Bis der Knorpel sich an neue oder intensivere Arbeit angepasst hat, indem er an Dicke und Elastizität zunimmt, oder bis Sehnen und Bänder von besserer Koordination und Propriozeption profitieren, dauert es viel länger als bei den Lungen oder den Muskeln.

Überstrecktes Fesselgelenk

Sehnen und Fesseltrageapparat des unteren Beins

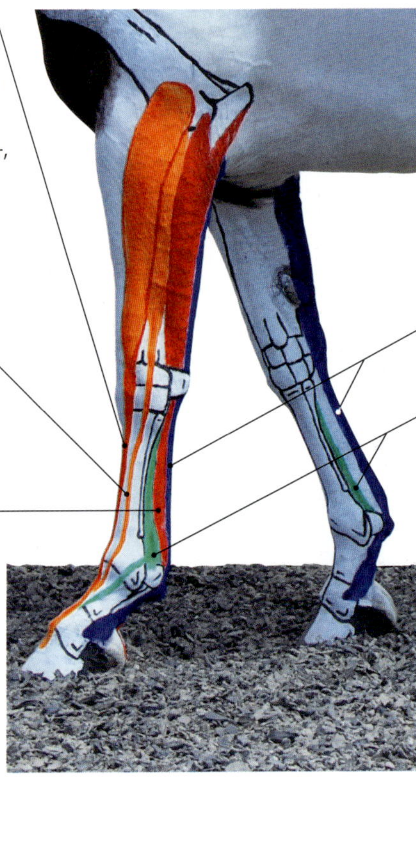

Gemeinsame Strecksehne
Ursprung: gemeinsamer Zehenstreckmuskel
Ansatz: Vorderseite des Kronbeins und mittig am Hufbein
Wirkung: hebt die Zehenspitze, streckt Fessel-, Kron- und Hufgelenk

Seitliche Strecksehne
Ursprung: seitlicher Zehenstreckmuskel
Ansatz: am Fesselbein
Wirkung: hilft dem gemeinsamen Zehenstrecker

Tiefe Beugesehne
Ursprung: tiefer Zehenbeugemuskel und Unterstützungsband
Ansatz: Unterseite des Hufbeins
Wirkung: beugt die unteren Beingelenke, v. a. das Hufgelenk, und unterstützt sie beim Gewichttragen

oberflächliche Beugesehne
Ursprung: oberflächlicher Zehenbeugemuskel
Ansatz: medial und lateral am Kronbein
Wirkung: beugt die unteren Beingelenke, unterstützt sie beim Gewichttragen und verhindert Überstrecken des Fesselgelenks

Fesselträger
Ursprung: zwischen den Griffelbeinen an der unteren Karpalknochenreihe. Am Fesselgelenk teilt er sich auf und zieht an die Sesambeine.
Ansatz: auf Höhe des Kronbeins in der gemeinsamen Strecksehne
Wirkung: trägt das Fesselgelenk und verhindert dessen Überstreckung

Die wichtigsten Risikofaktoren, die zur Überbeanspruchung und zu Verletzungen von Sehnen und Bändern führen, sind:

1. sich wiederholende Bewegungen,
2. kumulativer Stress durch Langzeittraining,
3. mangelndes Konditionstraining,
4. unebener, tiefer oder rutschiger Untergrund,
5. ungünstiger Körperbau wie lange, schräge Fesseln, lange Zehen oder tiefe Ballen,
6. ungenügendes Aufwärmen.

Nerven, Propriozeption und Koordination konditionieren

Ungeachtet von Aufgabenstellung, Alter oder Ausbildungsstand bietet eine ruhige, entspannte Atmosphäre zusammen mit Geduld, Beharrlichkeit und Regelmäßigkeit die besten Voraussetzungen zum Lernen und für die Funktion des Nervensystems.

Propriozeption ist der „Lagesinn" und Propriozeptoren als Sensoren der Raumwahrnehmung sitzen in Muskeln, Sehnen, Bändern und Gelenken. Sie senden Informationen an das zentrale Nervensystem und erlauben dem Pferd, unbewusst die Lage aller seiner Körperteile zueinander und im Raum wahrzunehmen. Da eine höhere Körpertemperatur die Interaktion zwischen Rezeptoren und Nervenimpulsen beschleunigt, ist die Körperwahrnehmung bei einem ruhigen, warmen Pferd besser. Propriozeption und Koordinationsvermögen bestimmen unmittelbar über die sportlichen Möglichkeiten eines Pferdes. Obwohl manche Pferde von Natur aus athletischer und mehr im Gleichgewicht sind, lassen sich diese Fähigkeiten durch Übungen an der Hand und unter dem Reiter verbessern, etwa durch Seitengänge, Gehen über und zwischen Stangen, passives Dehnen, Arbeit an Steigungen und gymnastizierendes Springen.

Die Propriozeption ist eingeschränkt, wenn das Pferd kalt oder müde ist, Schmerzen hat, wenig Bewegung hatte, aufgeregt oder gestresst ist. Es ist sich seines Körpers weniger bewusst und unkoordinierter, sodass es schlechtere Leistungen zeigt.

Manche Prägungen sind nicht hilfreich. Wird ein junges Pferd beispielsweise immer von links geführt, wird es bei Druck auf die Nase den Kopf nach links wenden, was beim Einreiten unerwünscht ist. Eine schlechte Angewohnheit zu vermeiden ist besser, als sie brechen zu wollen!

Die Huf-Hirn-Koordination ist von vielen Faktoren abhängig, wie dem Trainingsstand des Nervensystems, der Propriozeption, der Koordination und der Schnelligkeit der Muskelkontraktionen. Verbesserungen lassen sich beispielsweise durch longieren über Stangen erzielen.

Aufwärmen

Das Aufwärmen kann mit gründlichem Putzen, einer Massage und passiven Dehnübungen beginnen.

Vor jeder körperlichen Arbeit sollte das Pferd vorbereitet werden. Auf- und Abwärmen sind für Mensch und Reiter wichtige Phasen jeder sportlichen Aktivität. Das Aufwärmen sollte:

- die Durchblutung von Muskeln und Organen verbessern,
- mechanische Effizienz, Kraft, Puls- und Atemfrequenz erhöhen,
- die Kernmuskeln aufwecken,
- die Fettsäurenverbrennung fördern, sodass in späteren Trainingsphasen weniger Milchsäure entsteht,
- Muskeln, Bänder und Sehnen dehnen,
- die Gelenke vollständig durchbewegen,
- die Beweglichkeit verbessern,
- den Geist fokussieren.

Korrektes Aufwärmen kann Verletzungen zwar nicht völlig verhindern, das Risiko jedoch deutlich senken. Eine allgemeingültige Regel gibt es nicht, doch in etwa benötigt ein Pferd 15–20 Minuten Aufwärmzeit. Ältere, verletzungsanfällige Pferde oder solche, die verletzt waren, benötigen eventuell länger oder andere Übungen als junge, verletzungsfreie Pferde.

Aufwärmen unter dem Reiter

Das Aufwärmen unter dem Reiter sollte mit einem raumgreifenden Schritt am langen Zügel beginnen. So können die Wirbelsäulenbänder den Rücken heben, der Rücken kann schwingen und die Muskeln der Oberlinie können sich verlängern.

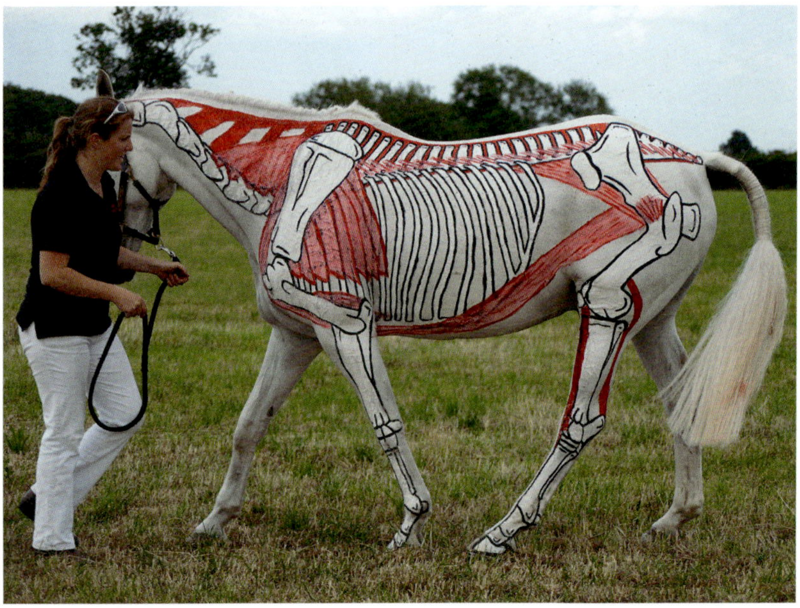

Essenzielle Bodenarbeit: Vor dem Aufsteigen das Pferd mit gesenktem Kopf in kleinen Volten nach links und rechts zu führen und rückwärts zu richten erlaubt dem Rücken, sich zu heben, zu dehnen und geschmeidig zu werden.

Dehnen über den Rücken verlängert die Oberlinie und ist ein wichtiger Teil des Aufwärmens.

Ein kurzer Schrittausritt, gefolgt von großen Bahnfiguren wie Zirkeln, Schlangenlinien und Achten, fördert die Aufmerksamkeit und bereitet die Muskeln auf die Arbeit vor. Gehen Sie methodisch vor und schließen Sie Seitengänge wie Schenkelweichen, Schulterherein und Travers ein, die sich gut dafür eignen, Gelenke zu dehnen, die Hinterbeine zum Untertreten zu ermutigen, das Pferd insgesamt zu lockern und die Kernmuskeln zu aktivieren. Nach der Schrittarbeit im fleißigen Arbeitstrab und Arbeitsgalopp am langen Zügel Bahnfiguren und Übergänge zu reiten, hebt den Rücken, fördert die Losgelassenheit, fängt an die Atemwege zu öffnen und steigert die Atem- sowie die Herzfrequenz.

Für Pferde mit Rückenproblemen ist es leichter, sich im Arbeitsgalopp aufzuwärmen, mit dem Reiter im leichten Sitz und weit nach vorne schwingenden Hinterbeinen. Galopp in Vorwärts-Abwärts-Haltung verlängert und stärkt außerdem die Muskeln der Oberlinie, als Vorbereitung für die spätere Anlehnung.

Abwärmen

Das Abwärmen am Ende der Stunde ist ebenso wichtig für den Bewegungsapparat wie das Aufwärmen. Vorwärts-Abwärts-Dehnen hilft den Muskeln, sich zu verlängern und zu entspannen und gibt dem Kreislauf die Möglichkeit, Toxine und Milchsäure aus dem Gewebe abzutransportieren, das Entzündungsrisiko zu senken sowie Herz- und Atemfrequenz wieder zu normalisieren. Es wirkt außerdem positiv und entspannend auf Pferd und Reiter.

Ein zehnminütiger Ausritt ist eine exzellente Abwärmaktivität.

Trainingsprinzipien

Für ein agiles, sportliches Pferd mit guter Koordination und Vorwärtsdrang müssen wir im Training drei wichtige Aspekte berücksichtigen: Takt, Balance und Losgelassenheit, ohne die eine gute Anlehnung, Schwung, Geraderichtung und Versammlung schwer zu erreichen sind.

Takt

Takt bezieht sich auf die Regelmäßigkeit der Schritte, die von gleicher Länge und Dauer sein sollten. Es geht nicht um Schnelligkeit. Ein geichmäßiger Takt wird:

- Kernstabilität und Balance verbessern,
- entspannte Bewegungen in der jeweiligen Gangart fördern,
- dem Pferd erleichtern, seinen Rahmen zu verlängern und zu verkürzen,
- Muskeln, Knochen und Bindegewebe stärken,
- korrekte Nervenbahnen einrichten,
- das Verletzungsrisiko senken, da die Bewegungen vorhersehbarer sind.

Balance

Balance bedeutet, bei jeder Aktivität mühelos eine sowohl lateral (von einer Seite zur anderen) als auch longitudinal (von vorne nach hinten) ausbalancierte Haltung mit anmutiger Leichtigkeit zu wahren. Laterale Balance wird durch gleichmäßiges Arbeiten auf beiden Händen gefördert und erlaubt dem Reiter, das Pferd geradezurichten. Longitudinale Balance wird durch Tempoänderungen innerhalb einer Gangart und Gangartwechsel gefördert.

RECHTS *Ohne Reiter nutzt das Pferd Kopf und Hals, um sein Gleichgewicht zu halten. Die Herausforderung besteht darin, in Balance zu bleiben, wenn wir Reiter von ihm verlangen, seinen Kopf stillzuhalten.*

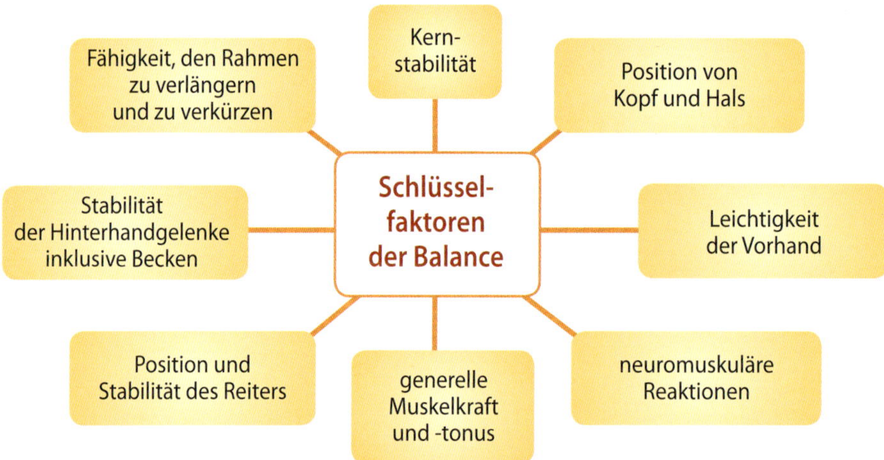

SCHWERPUNKT

Der Schwerpunkt, um den die Masse des Pferdes gleichmäßig verteilt ist, liegt in der Körpermitte, etwas hinter dem Herzen und etwa auf Zweidritteln des Weges vom Widerrist abwärts. Seine Position ist veränderlich und abhängig von der Kopf- und Hinterbeinposition, von Körperbau und Haltung sowie einer Kombination aus Geschwindigkeit und Grad der Versammlung.

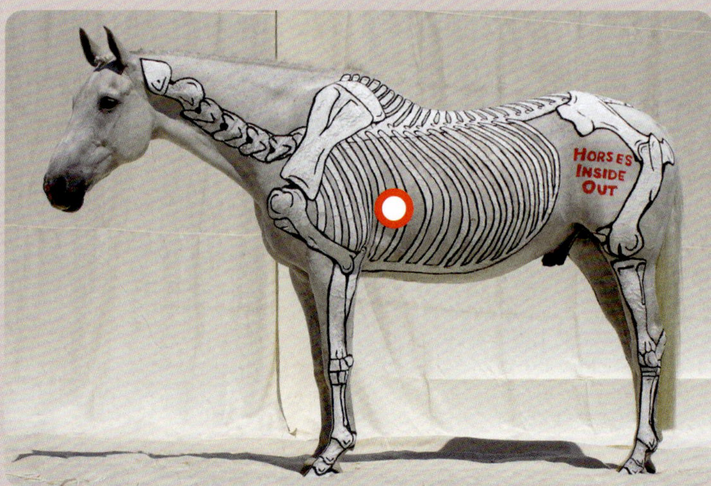

Die Kernmuskeln

Starke Kernmuskeln sind entscheidend für eine gute Balance. Sie ermöglichen dem Pferd, die Rumpfmuskeln effektiv zu rekrutieren, wodurch sie die Position und die Stabilität von Wirbelsäule, Becken und Gliedmaßen bei dynamischen Bewegungen beeinflussen. Sie verbessern die Koordination und sind wichtig, um sich selbst und das Reitergewicht zu tragen, Dressurlektionen in Versammlung auszuführen, zu springen und schnell zu sein. Schwache Kernmuskeln können zu Ermüdung, Verlust der Balance, schlechten Leistungen und erhöhtem Verletzungsrisiko, besonders an Rücken, Hals und Becken führen. Die Kernmuskeln mit regelmäßigen Übungen zu fördern, sollte ein besonders wichtiges Trainingsziel sein.

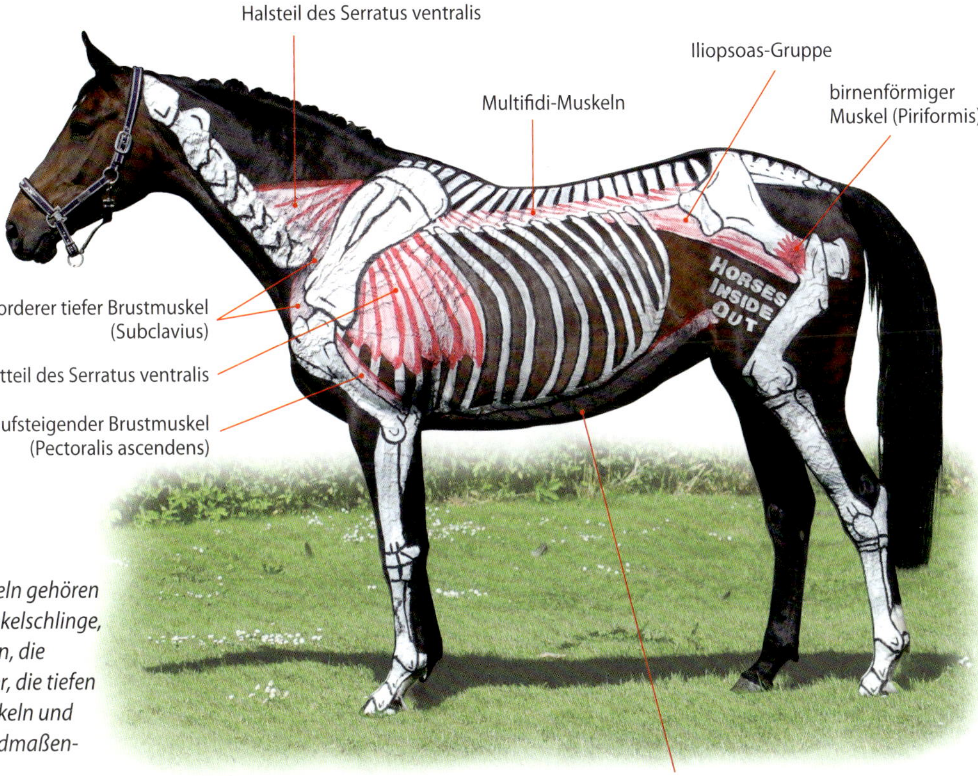

Zu den Kernmuskeln gehören die thorakale Muskelschlinge, alle Bauchmuskeln, die Beckenstabilisierer, die tiefen Wirbelsäulenmuskeln und die seitlichen Gliedmaßenstabilisierer.

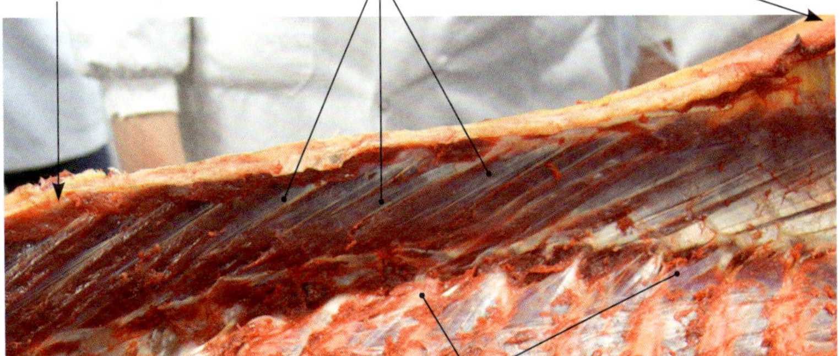

Die Multifidi-Muskeln tragen zur Stabilität der Wirbelsäule bei, indem sie die Basis jedes Dornfortsatzes mit dem Wirbelkörper des Nachbarwirbels verbinden. Sie sind sehr gut innerviert und reagieren sensibel auf alle Veränderungen der Wirbelsäulenausrichtung. Wenn die Multifidi-Muskeln verkümmern, versucht der Longissimus-dorsi-Muskel, ihre Funktion zu übernehmen. Dies gelingt nur schlecht, da er ein großer Bewegungsmuskel ist.

Losgelassenheit

Für Losgelassenheit müssen die Muskeln geschmeidig, gut konditioniert und nicht verspannt sein, damit das Pferd physisch und psychisch mit den von ihm verlangten Anforderungen umgehen kann. Um sowohl lateral als auch longitudinal wirklich losgelassen zu sein, muss es:

- elastische, dehnfähige Muskeln besitzen,
- sich problemlos rechts und links biegen,
- seine Kopfposition anpassen können,
- Kopf und Hals in allen Gangarten nach vorne unten dehnen können,
- durch den Rücken schwingen,
- Schritte verlängern und verkürzen können, ohne Takt und Balance zu verlieren,
- die Hinterhand aktivieren,
- taktreine, fließende Gangarten zeigen,
- sich mit Leichtigkeit dehnen können.

Ein schlecht biegsames Pferd mit Verspannungen, schlechtem Muskeltonus oder Steifheit in einer Körperregion wird den Rücken wegdrücken und unbequem zu reiten sein. Die Folgen sind Taktunreinheiten, Ausfallen über die Schulter, Unwilligkeit und ein höheres Verletzungsrisiko.

Balance zwischen Lockerung und Krafttraining

Beim Zusammenstellen des Trainingsprogramms müssen die individuelle Kraft und die Stabilität des Pferdes im Verhältnis zu seiner Losgelassenheit und Beweglichkeit berücksichtigt werden. Ein guter Sporttherapeut kann hierzu beraten und ein ausgewogenes Programm an Kraft- und Lockerungsübungen empfehlen.

*Ein biegsames, junges Pferd kann Probleme mit Geraderichtung und Balance haben, während ein gut ausbalanciertes, steiferes, gerades Pferd Probleme mit Seitenbiegung und Beweglichkeit haben kann. Das erste Pferd (**links**) benötigt mehr Kräftigungs- und Balanceübungen, während das zweite (**rechts**) mehr Lockerungs-, Dehn- und Biegsamkeitsübungen braucht.*

Empfehlungen für Ausgewogenheit zwischen Lockerung und Stabilisierung:

- Bauen Sie ein machbares Programm an Dehn-, Kräftigungs- und Pilates-ähnlichen Übungen an der Hand in Ihre Alltagsroutine ein.
- Bewegen Sie Gelenke und Muskeln Ihres Pferdes regelmäßig komplett durch.
- Schieben Sie Lockerungsübungen zwischen Kraft- und Sprinttraining ein.
- Denken Sie an aktive Dehnübungen beim Reiten.
- Variieren Sie den Rahmen.
- Arbeiten Sie regelmäßig mit seitlichen Biegungen.
- Führen Sie Dehn-, Lockerungs- und Kraftübungen an der Longe durch.
- Variieren Sie beim Ausreiten Gelände und Untergrund.
- Arbeiten Sie regelmäßig mit Stangen, Cavaletti und Gymnastiksprüngen.

ZUSAMMENFASSUNG

- Pferde müssen fit sein, um ihre volle Leistung zu entwickeln.
- Ausdauerbewegungstraining ist das Basistraining für die Kondition.
- Gehen auf hartem Untergrund stärkt Sehnen und Knochen.
- Aufwärmen steigert die Durchblutung von Muskeln und Organen, dehnt Muskeln, Sehnen und Bänder und bereitet den Körper auf die Arbeit vor.
- Takt, Balance und Losgelassenheit sind die Voraussetzungen für Anlehnung, Schwung, Geraderichtung und Versammlung.
- Regelmäßiges Dehnen hält die Muskeln in optimaler Kondition.
- Lockerung und Kräftigung müssen ausgewogen sein.

Mit zunehmender Aktivität atmet das Pferd schneller.

5 Auswirkungen des Reitens

Jedes Gewicht auf dem Pferderücken beeinflusst Haltung, Gleichgewicht, Wohlbefinden und Vertrauen des Pferdes. Im Lauf der Evolution haben Pferde die Fähigkeit entwickelt, Gewicht zu tragen – nicht das des Reiters, sondern des schweren Dickdarms, der unter der Wirbelsäule aufgehängt ist – und diese Stabilität der Wirbelsäule erlaubt uns zu reiten. Unserem Pferd das Gewichttragen zu erleichtern, sollte ein Hauptziel sein und dafür muss sein Rücken angehoben und gut gestützt werden, während der Reiter korrekt ausbalanciert sitzt.

Haltung und Position des Reiters

Damit das Pferd trotz Reitergewicht seine Balance halten kann, muss der Reiter rechtzeitige, präzise und unabhängige Hilfen geben und gleichzeitig, der Bewegung folgend, ruhig im Gleichgewicht sitzen. Da der Schwerpunkt des Pferdes sich dauernd verändert, muss auch der Reiter fortwährend seine Position anpassen. Ein Beobachter am Boden, Spiegel und Videoanalysen können helfen, das angestrebte ruhige Gleichgewicht zu erreichen.

Die Last reduzieren

Sitzt der Reiter im Gleichgewicht, wird das Pferd weniger belastet. Hält er seine Beine direkt unter seinem Schwerpunkt, erreicht er die korrekte Ausrichtung von Ohr – Schulter – Hüfte – Fersen in einer vertikalen Linie. Würde man das Pferd wegnehmen, würde der Reiter perfekt ausbalanciert auf dem Boden landen.

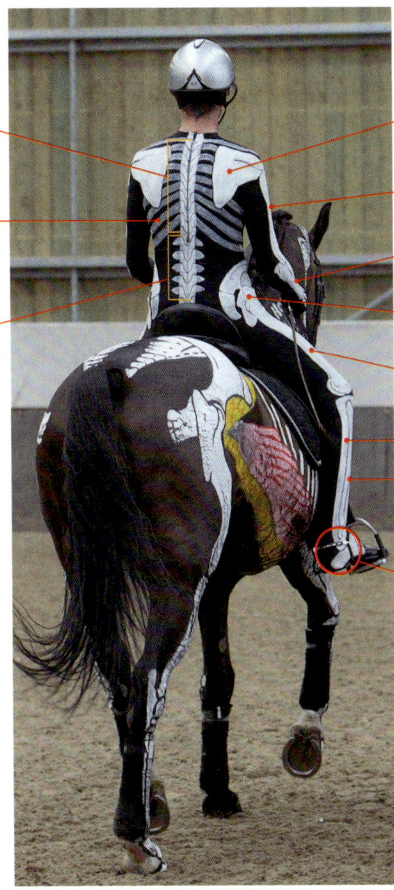

OBEN *Dieser Reiter ist eine größere Last für sein Pferd. Die Brust ist eingesunken und die Wirbelsäule nach vorne gebeugt. Ohr – Schulter – Hüfte – Ferse liegen nicht auf einer Linie. Diese weit verbreitete schlechte Haltung kann durch eingesunkenes Sitzen mit vorgestrecktem Kopf und Armen beim Autofahren oder vor dem Computer entstehen. Würde man das Pferd wegnehmen, könnte sich die Reiterin nicht allein im Gleichgewicht halten.*

RECHTS *Die Haltung sollte aus allen Richtungen kontrolliert werden. Hier sind die Vertikalachse der Reiterwirbelsäule und die Horizontalachse seines Beckens korrekt auf die des Pferdes ausgerichtet.*

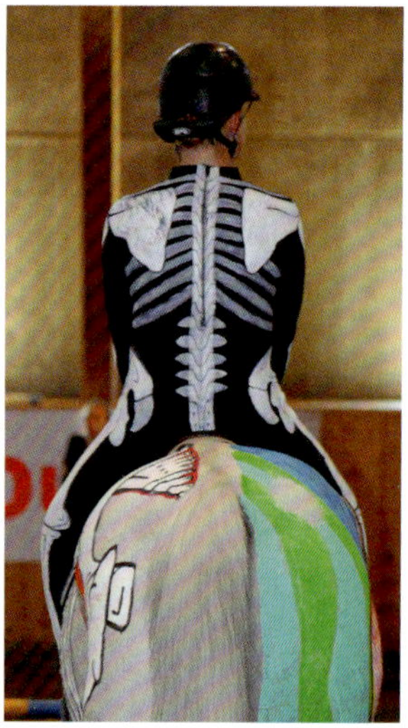

Die Schiefe dieses Reiters wird Geraderichtung und Balance des Pferdes beeinträchtigen.

Obwohl Pferde 20 % ihres Körpergewichts tragen können, sollten wir ihre Last erleichtern, indem wir mit und ohne Pferd trainieren und auf unsere Fitness, Haltung, Reaktionen, unser Gewicht und unser Gleichgewicht achten.

Für Anfänger oder zum Verfeinern des Könnens ist das Üben auf einem mechanischen Pferd vorteilhaft. Balance erreicht man nur durch die Fähigkeit, Bewegungen vorauszusehen.

LINKS *Dies ist eine gute Balance- und Kräftigungsübung für Reiter.*

SEQUENZ UNTEN *Eine erstklassige Übung zum Öffnen des Brustkorbs, Dehnen der Brustmuskeln und zur Verbesserung der Reithaltung. Sie kann auch auf dem Pferd ausgeführt werden.*

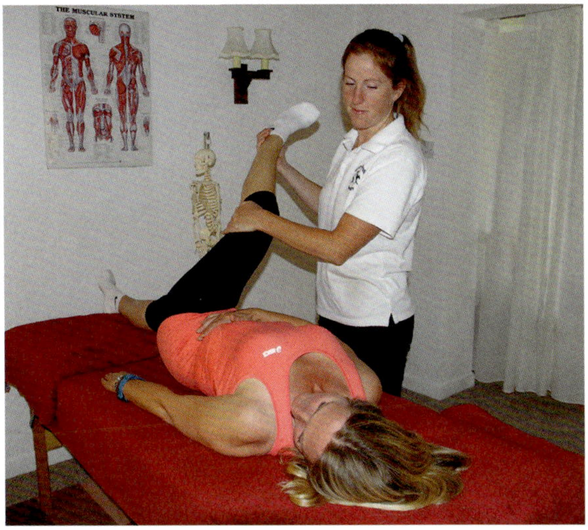

OBEN *Pilates-Übungen verbessern Haltung, Balance und Kernstabilität.*

LINKS *Sich um den eigenen Bewegungsapparat zu kümmern, fördert Beweglichkeit und Entspannung.*

Strukturen beeinflussen

Verständnisvolles, intuitives Reiten verlangt ein gründliches Verständnis der Strukturen, auf denen wir sitzen, damit wir die Hilfen auf die Bewegungen der Rippen und Muskeln des Pferdes abstimmen können.

Der Hautmuskel

Der Hautmuskel liegt zwischen der Haut, als größtem Körperorgan, und den oberflächlichen Muskeln. Er umhüllt den Rumpf sowie die Beine oberhalb von Karpus und Knie, ist in der Gurtlage am dicksten, verjüngt sich von dort aus und verschmilzt mit den Faszien. Will ein Pferd eine Fliege vom Hals oder vom unteren Bein verscheuchen, muss es den Kopf schütteln oder mit den Hufen stampfen. Dort wo der Hautmuskel liegt, muss es nur kurz die Haut zittern lassen. Der Hautmuskel ist empfindlich und Schenkelhilfen sollten mit sanftem Druck gegeben werden. Treten, heftiger Sporeneinsatz oder ein zu straffer Sattelgurt können Quetschungen, Verdickungen und „Abstumpfen" der Haut- und Unterhautschichten verursachen. Der Hautmuskel dient auch als Stoßdämpfer, Flüssigkeitsreservoir und zur Isolation.

Der Hautmuskel (Panniculus carnosus)

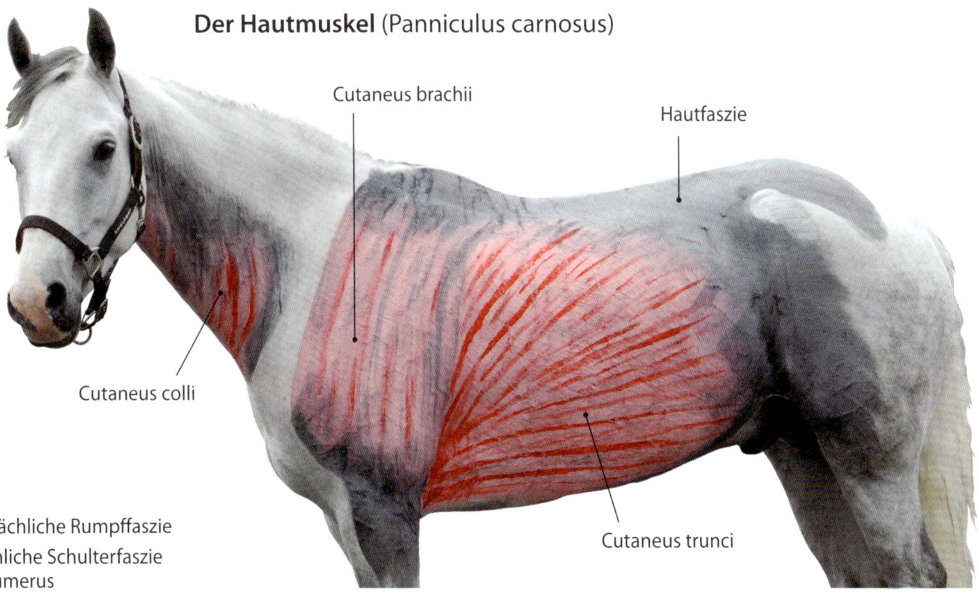

URSPRUNG: oberflächliche Rumpffaszie
ANSATZ: oberflächliche Schulterfaszie und medial am Humerus

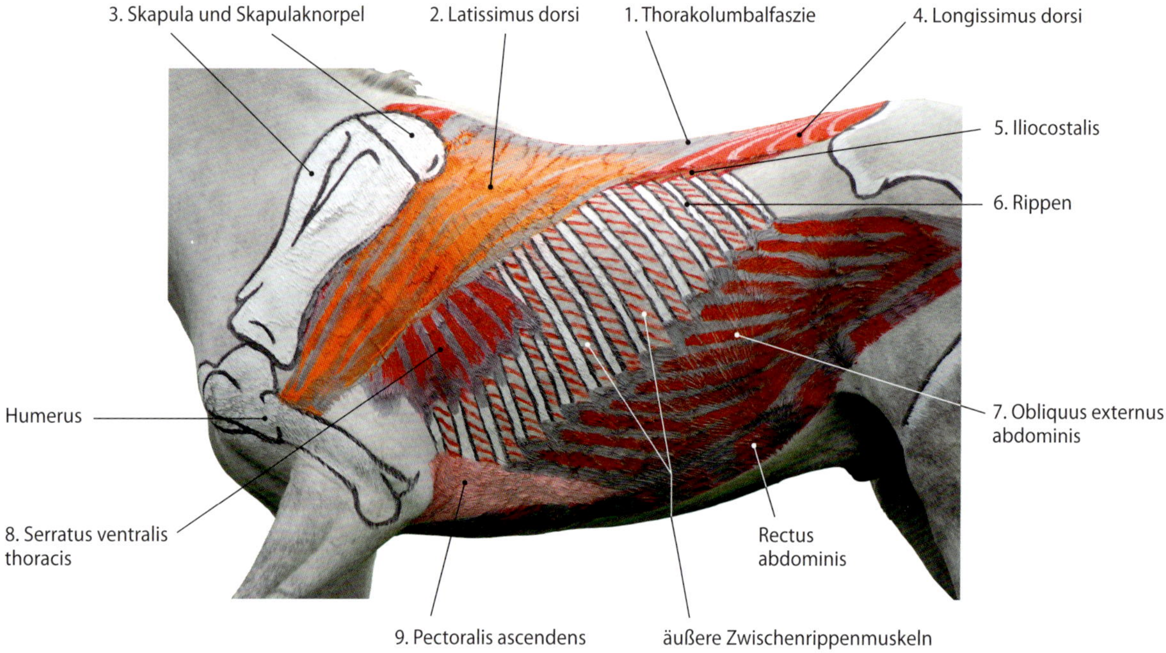

Sattel, Gurt sowie Gesäß und Beine des Reiters sind in direktem Kontakt mit diesen Muskeln und Strukturen.

1. Thorakolumbalfaszie

Die direkt unter dem Sattel liegende Rumpffaszie spielt eine wichtige Rolle bei der Kraftübertragung in Bewegung und beeinflusst die Muskeln an Rücken, Brustkorb, Hals, Schweif, Vorder- und Hinterbeinen, von denen viele aus ihr entspringen. Es ist wichtig, dass sie geschmeidig und feucht bleibt und nicht durch einen schweren Reiter oder schlecht sitzenden Sattel eingeengt wird.

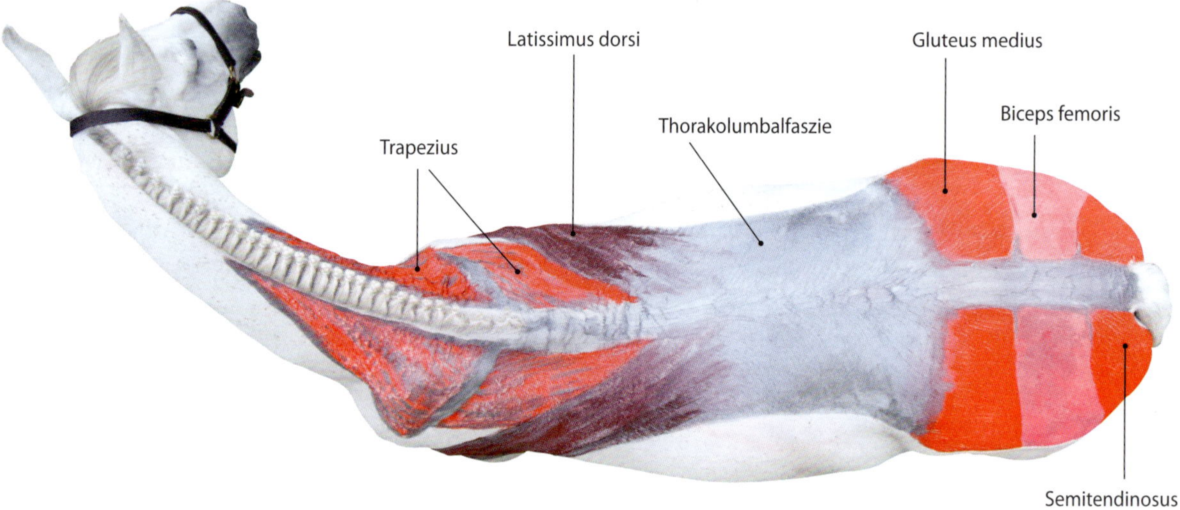

2. Latissimus dorsi

Der aus der Thorakolumbalfaszie entspringende breite Rückenmuskel (Latissimus dorsi) hilft, die Schulter zu beugen und den Rumpf über die aufgestellte Gliedmaße zu ziehen. Während der Protraktion verlängert sich der Latissimus dorsi und ermöglicht so mehr Ausdruck. Um die Schrittlänge bei Tempowechseln zu verkürzen, kann man mit Knien oder Oberschenkeln Druck auf den Latissimus dorsi ausüben und ihn so zur Kontraktion anregen. Einen negativen Effekt auf den Ausdruck der Vorhand haben zu enge Sattelgurte, unanpassende Sättel oder mit den Knien klemmende Reiter.

Kontraktion des Latissimus dorsi *Verlängerung des Latissimus dorsi*

3. Skapula und Skapulaknorpel

Der Schulterblattknorpel ist eine halbmondförmige Fortsetzung des Schulterblatts (Skapula), der sich wie Knochen verhält und anfühlt. Wenn das Vorderbein einen Schritt macht, macht das Schulterblatt eine elliptische Bewegung. Position und Passform des Sattelbaums müssen diese Bewegung zulassen. Ist der Sattel zu eng oder zu weit vorne, kann dies zu

- weniger Protraktion und Ausdruck der Vorhand,
- Unwilligkeit, vorwärts-abwärts zu gehen oder
- Unbehagen beim Landen nach einem Hindernis führen.

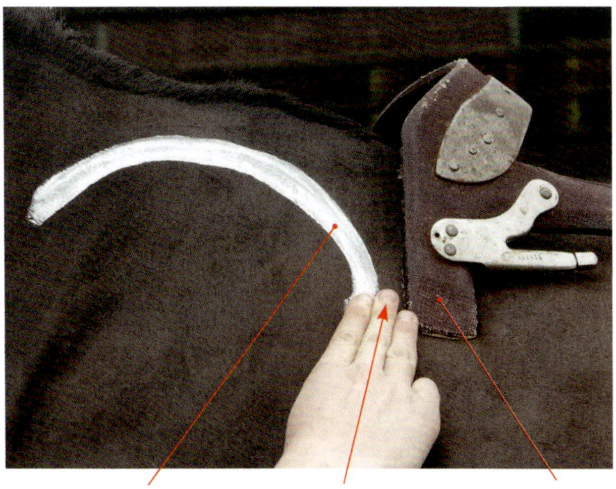

Longissimus dorsi

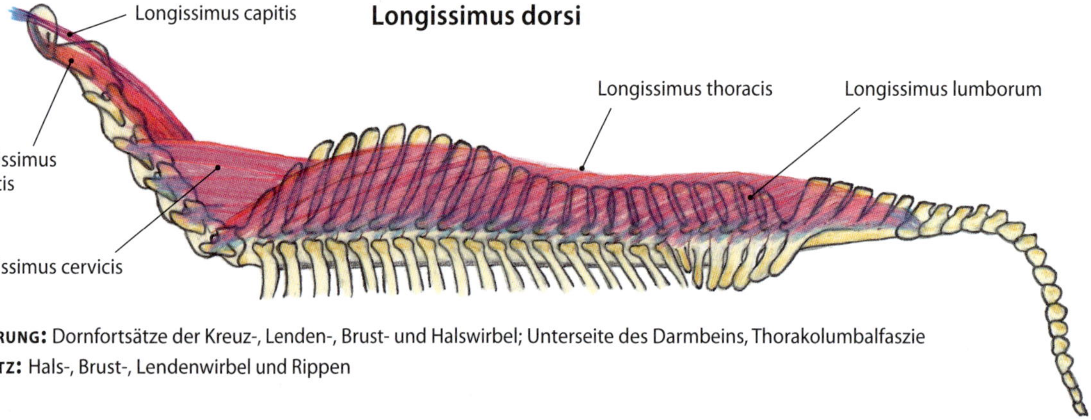

URSPRUNG: Dornfortsätze der Kreuz-, Lenden-, Brust- und Halswirbel; Unterseite des Darmbeins, Thorakolumbalfaszie
ANSATZ: Hals-, Brust-, Lendenwirbel und Rippen

4. Longissimus dorsi

Der direkt unter der Thorakolumbalfaszie liegende längste Muskel des Körpers, der Longissimus dorsi, bildet den Hauptanteil des weichen Gewebes, auf dem wir sitzen. Als großer Bewegungsmuskel bewirkt er die Streckung des Rückens und trägt während der Retraktionsphase zur Schubübertragung aus der Hinterhand nach vorne bei. Biegt sich das Pferd zum Beispiel auf dem Zirkel, verkürzt sich der Longissimus dorsi auf der Innenseite der Biegung und verlängert sich auf der Außenseite, stabilisiert die Wirbelsäule und verhindert zu starke Beugung während der Schwebephase im Trab.

Verspannungen im Longissimus dorsi führen zu einem Hohlrücken, normalerweise in Verbindung mit einem hoch getragenen Kopf, Unwilligkeit sich vorwärts-abwärts zu strecken, einer nicht untertretenden Hinterhand und dem Unvermögen, beim Reiten über den Rücken zu arbeiten. Obwohl im Longissimus dorsi leicht Schmerzen durch schlechte Haltung, wenig einfühlsames Reiten, schlecht sitzende Sättel, Asymmetrien oder Hinterhandlahmheiten auftreten, lassen sich diese durch seine oberflächliche Lage zumindest gut erkennen und mit Massagen beeinflussen.

5. Iliocostalis

Der Iliocostalis stabilisiert die Brustwirbelsäule und die Rippen. Zieht sich nur eine Seite zusammen, trägt er zur Seitwärtsbiegung der Wirbelsäule und zur Rippenbewegung bei. Verspannungen können zu Veränderungen der Rippenposition und Unwohlsein führen.

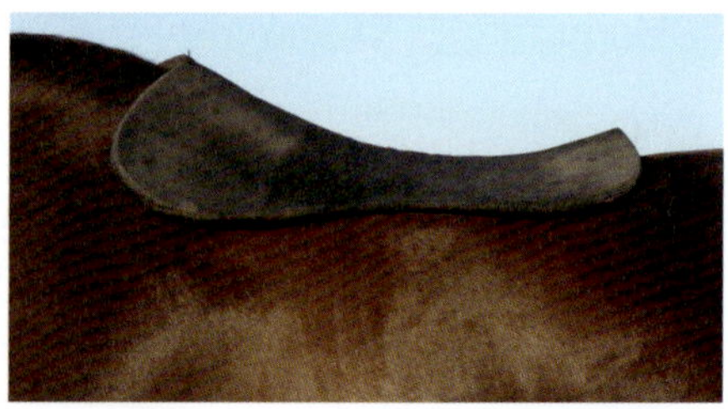

RECHTS *Es gibt eine Reihe von Reflexpunkten am Rand des Iliocostalis, wo er die Rippenwinkel berührt. Manche Sattelkissen können unter dem Sattel eine unangenehme Kante bilden, die diese Punkte irritiert.*

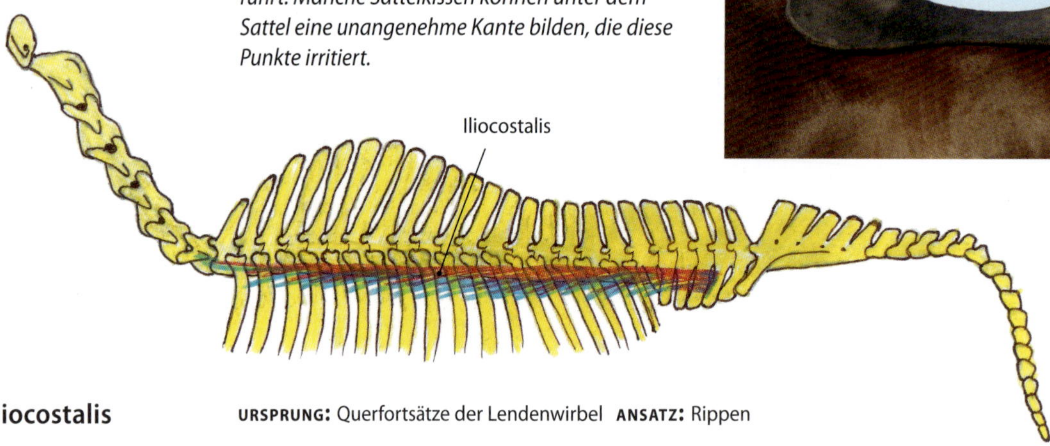

Iliocostalis

URSPRUNG: Querfortsätze der Lendenwirbel **ANSATZ:** Rippen

6. Rippen

Jede Rippe kann im Gelenk zwischen Rippenkopf und den beiden benachbarten Brustwirbeln rotieren. Die zehn falschen Rippen, die nur über den knorpeligen Rippenbogen mit dem Brustbein verbunden sind, erlauben Atembewegungen und tragen zur Seitwärtsbiegung bei. Wenn ein Hinterbein im Schritt untertritt, schwingt der Brustkorb zur gegenüberliegenden Seite. Je länger der Schritt, desto größer ist die Rippenbewegung. Ein Gefühl für die Rippenbewegung und die Position der Hinterbeine zu entwickeln, ermöglicht den punktgenauen, abwechselnden Einsatz der Schenkelhilfen, wenn der Brustkorb dem Reiterbein entgegen kommt. Über die Variation des eingesetzten Drucks können dann die Schrittlänge und die Position der Hinterbeine verändert werden, was besonders in den Seitengängen vorteilhaft ist. Schenkelhilfen mit sanftem Druck zu geben ist wichtig, um die Muskeln über den Rippen weich und geschmeidig zu halten.

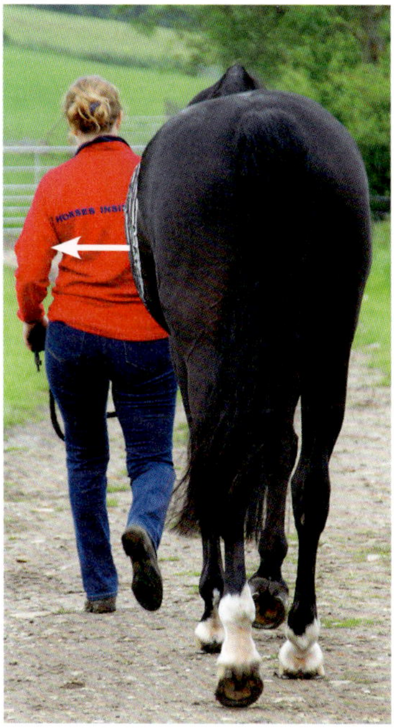

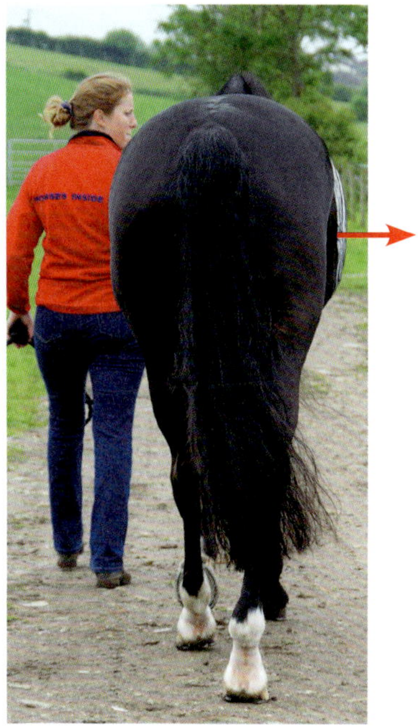

Die Mobilisation der Rippen durch sanften, rhythmischen Druck in der eingezeichneten Region (siehe unten) ist nützlich für:

- die Erhaltung der vollen Rippenbeweglichkeit,
- die Geschmeidigkeit von Longissimus dorsi, Iliocostalis, Zwerchfell und Bauchmuskeln,
- bessere Seitengänge,
- mehr Biegsamkeit.

UNTEN *Mobilisieren Sie die Rippen durch sanften, rhythmischen Druck auf den schraffierten Bereich.*

7. Obliquus externus abdominis

Der äußere schiefe Bauchmuskel (Obliquus externus abdominis) hilft vor allem, das Gewicht der Bauchorgane zu tragen, sowie bei der Ausatmung und beim Kot absetzen. Außerdem trägt er zur Beugung des Rückens, zu den Rippenbewegungen und zur Protraktion der Hinterbeine bei. Beim Reiten liegen Unterschenkel und Fersen direkt auf diesem Bauchmuskel, der ebenso wie Hautmuskel und Rippen empfindlich auf Quetschungen reagiert.

URSPRUNG: Rippen und Thorakolumbalfaszie

ANSATZ: Bauchmittellinie, Bauchsehne und Leistenring

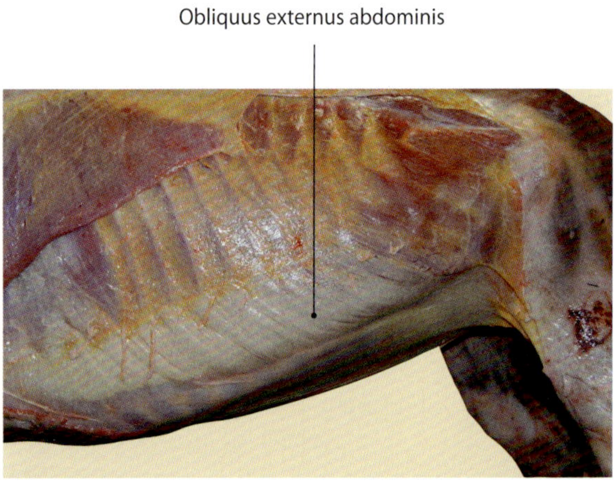

RECHTS *Hier beginnt der rechte äußere schiefe Bauchmuskel gerade, sich zu kontrahieren. Jetzt mit dem rechten Schenkel eine Hilfe zu geben, ermuntert das Pferd, das rechte Hinterbein ein wenig schneller vorzuschwingen.*

UNTEN LINKS *Hier ist der rechte äußere schiefe Bauchmuskel gerade voll kontrahiert. Treibt der rechte Schenkel genau jetzt, schwingt das rechte Hinterbein höher und weiter nach vorne.*

UNTEN RECHTS *Eine rechtsseitige Schenkelhilfe zu diesem Zeitpunkt beeinflusst nicht direkt die Protraktion, hilft aber, den Rücken zu beugen.*

8. Serratus ventralis thoracis

Der Brustteil des unteren Sägemuskels (Serratus ventralis thoracis) liegt überwiegend unter dem Sattelblatt. Er lässt sich also durch Druck des Knies und der oberen Wade beeinflussen.

Serratus ventralis thoracis

URSPRUNG:
1. bis 8. Rippe

ANSATZ: Unterseite von Skapula und Skapula-Knorpel

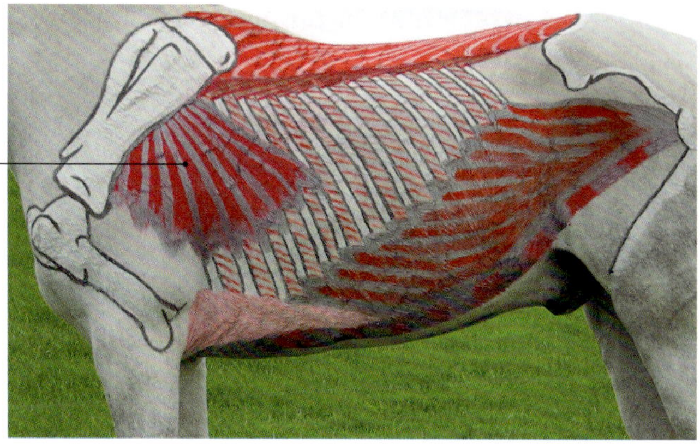

Als Teil der thorakalen Muskelschlinge hilft der Serratus ventralis thoracis, den Brustkorb zwischen den Vorderbeinen anzuheben. Etwas weiter vorne gegebene Schenkelhilfen stimulieren die thorakale Muskelschlinge und regen das Pferd an, sich mehr aufzurichten.

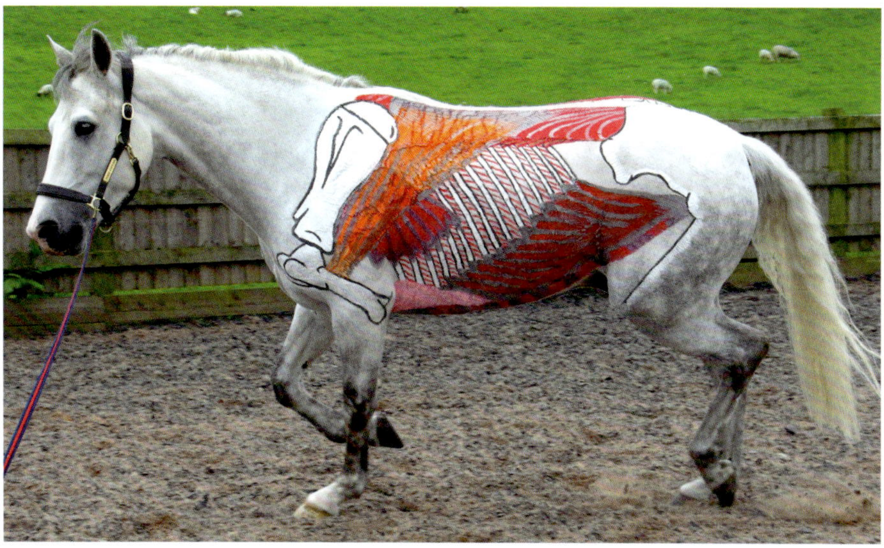

In der Schwungphase stabilisiert der Serratus ventralis thoracis das Schulterblatt und ermöglicht so knackigere Bewegungen mit mehr Ausdruck der Vorhand.

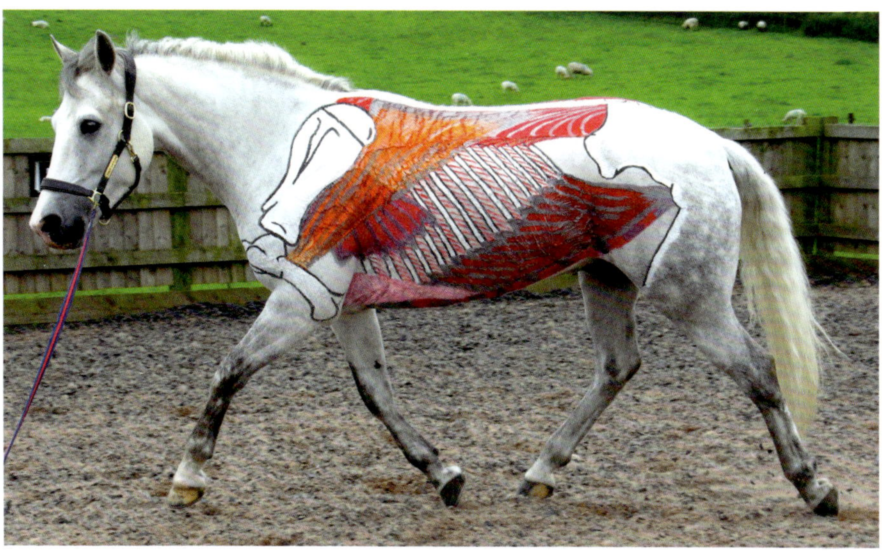

9. Pectoralis ascendens

Wenn sich der aufsteigende Brustmuskel (Pectoralis ascendens) verkürzt, zieht er den Rumpf über die aufgestellte Gliedmaße nach vorne. Außerdem trägt er zur Adduktion des Beins, zum Stützen des Rumpfs und zur Stabilisierung des Schultergelenks bei. Der tiefe Brustmuskel lässt sich kaum durch das Reiterbein, wohl aber durch den Sattelgurt beeinflussen. Ein zu strammer Gurt hindert die Muskeln am Arbeiten und ist dem Pferd unangenehm.

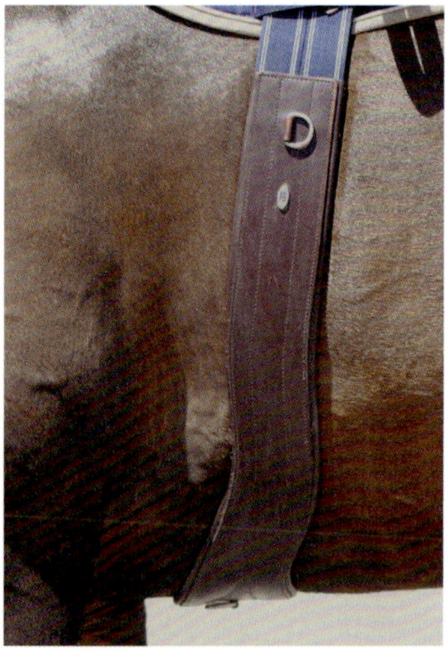

Dieser ergonomisch geformte Sattelgurt passt gut und lässt der Vorhand genügend Platz, um sich zu bewegen.

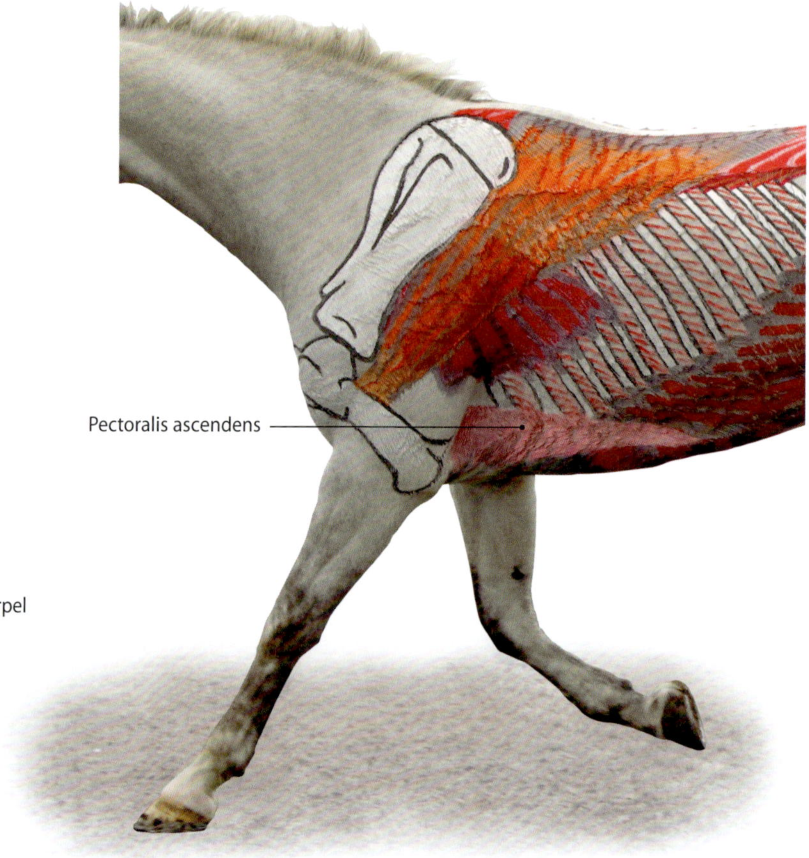

URSPRUNG: Brustbein und 4.–9. Rippenknorpel
ANSATZ: Humerus und Vorderbeinfaszie

Der Kopf

Wenn wir mit Pferden umgehen, üben wir vor allem über den Pferdekopf Einfluss und Kontrolle aus. Schlecht sitzendes Zaumzeug, Druck auf Genick, Nase und Kiefer, Verletzungen und Unfälle können allesamt zu Schmerzen, Imbalancen, Verhaltensänderungen und Kompensationsmustern führen sowie Ausgeglichenheit, Zufriedenheit und Leistung beeinträchtigen.

Äußere Kopfstrukturen

Der Schädel besteht aus 26 Knochenplatten, die über bindegewebige Schädelnähte miteinander verbunden sind. Letztere können Aufprallenergien, zum Beispiel nach einem Sprung, zerstreuen. Mit zunehmendem Alter verknöchern einige der Schädelnähte. Die äußeren Kopfstrukturen zu kennen, ist wichtig für den korrekten Umgang mit dem Pferd und die richtige Passform des Zaumzeugs.

Die Kenntnis der Kopfanatomie lässt uns verstehen, wie wir auf sensible Strukturen einwirken, macht uns einfühlsamer und lässt uns die Bedeutung ruhiger Hände sowie einer gleichmäßigen, sanften Anlehnung beim Reiten erkennen.

Genickregion

Mit „Genick“ ist die Region direkt hinter den Ohren gemeint, zwischen dem Hinterhauptbein und dem ersten Halswirbel, dem Atlas. Viele Muskeln und Sehnen setzen hier an, ebenso wie das so wichtige Nackenband. Der Genickriemen von Trense und Halfter liegt auf der Genickregion, die sehr empfindlich auf Druck reagiert. Bereits durch leichte Einwirkung auf Trense oder Halfter kann der Reiter sein Pferd erheblich beeinflussen. Gerät ein angebundenes Pferd in Panik und zieht am festgebundenen Strick, stößt sich ein Pferd den Kopf an einer Metallstange über der Stalltür, hat es einen zu engen Genickriemen oder wird öfter ruckartig am Führstrick gezogen, kann die Genickregion unangenehm anschwellen. In diesem Fall muss entsprechend dem Ausmaß des Schadens gehandelt werden. In leichten Fällen können eine kalte Kompresse, sanftes Dehnen und Massage helfen, bei stärkeren Quetschungen benötigen die Strukturen eventuell Zeit, sich zu erholen, bevor wieder Druck ausgeübt werden darf. Bei Verhaltensänderungen oder beeinträchtigter Orientierung muss ein Tierarzt hinzugezogen werden.

Nase

Pferde benutzen ihre Nase zur Kommunikation, indem sie verschiedene Laute wie Schnauben oder Wiehern produzieren oder sich gegenseitig das Fell beknabbern.

Nasenriemen waren früher grausam eingesetzte, oft mit Stacheln versehene Riemen, die das Pferd kontrollieren und am Öffnen des Mauls hindern

sollten. Heute sind sie ein wesentlicher oder gar kunstvoller Teil der Trense und es gibt die verschiedensten Arten, wie etwa den Kappzaum.

Ein zu fest sitzender Nasenriemen kann dazu führen, dass das Pferd sich in die Wange beißt, oder die Zungen- und Kieferbewegung so einschränken, dass Verspannungen in Strecker- und Beugerkette entstehen.

Manche Trensen (mit oder ohne Gebiss) wirken über Druck auf das Genick. Es ist wichtig, dass das Kopfstück gut passt und nicht auf den Ohrgrund oder die Knochenfortsätze rund um das Kiefergelenk drückt, was korrektes Arbeiten verhindert und zu Unbehagen, Schmerzen sowie Kopfschütteln führen kann. Ein wichtiges Ziel für Trainer und Reiter ist das willige Arbeiten durchs Genick, das für das Annehmen des Gebisses spricht.

RECHTS *Ein korrekt sitzender Nasenriemen sollte vor und nicht auf der Angesichtsleiste liegen, vor dem Austrittsloch für den Gesichtsnerv (Foramen infraorbitale) und vor der Kerbe im Unterkieferknochen (Incisura vasorum facialium), über die Arterie, Vene und Nerv ziehen. Da Pferde nur durch die Nase atmen können, muss der Nasenriemen hinter dem Einschnitt der Incisura nasoincisiva liegen, um die Atemwege nicht einzuengen.*

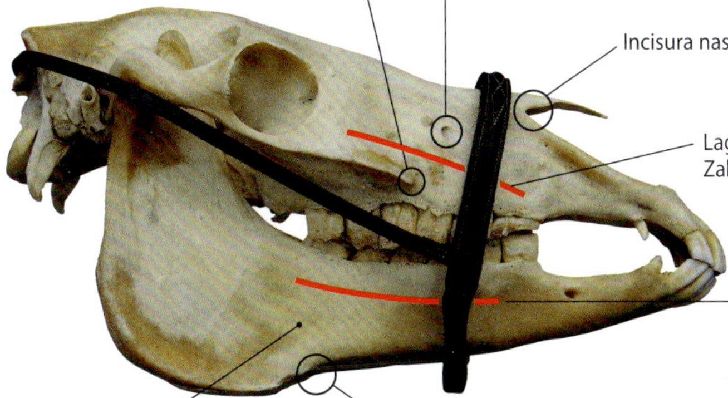

Bei anatomisch korrektem Training ist ein einengender Nasenriemen unnötig.

Anders als schlecht sitzende Sättel werden Probleme durch schlecht sitzendes Zaumzeug oft nicht bemerkt. Die Backenstücke sollten beiderseits oberhalb der den Kaumuskel kreuzenden Nerven und deutlich unterhalb von Angesichtsleiste, Jochbeinbogen und Schläfenbein liegen. Der an der Angesichtsleiste ansetzende Kaumuskel kann durch schlecht oder eng sitzende Backenstücke gestört werden.

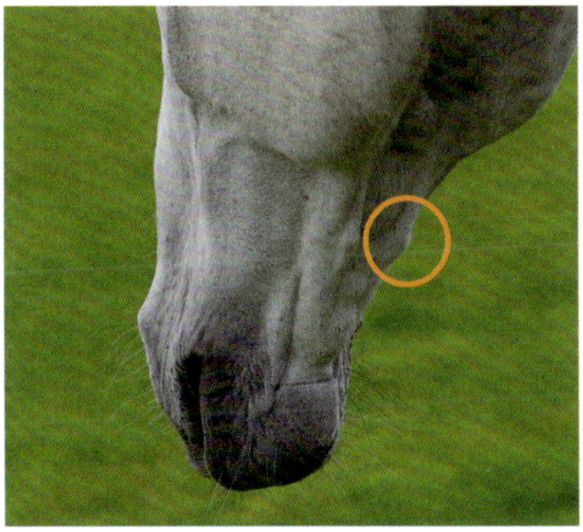

RECHTS *Knochenschäden an Unterkiefer oder Nasenbein, oft verursacht durch zu enge Nasenriemen, sind als Knochenverdickung fühlbar.*

GEBISSLOSES ZAUMZEUG

Gebissloses Zaumzeug wird aus unterschiedlichen Gründen gewählt. Manche Reiter finden sie sanfter, manche Pferde arbeiten so lieber und sie sind eine gute Alternative nach Zungen- oder Maulverletzungen. Manche üben Druck auf den gesamten Kopf aus, andere nur auf Genick oder Nase. Gebisslose Zäumungen können mild einwirken, wie etwa das Doctor Cooks Bitless Bridle oder scharf, wie die mechanische Hackamore mit langen Anzügen.

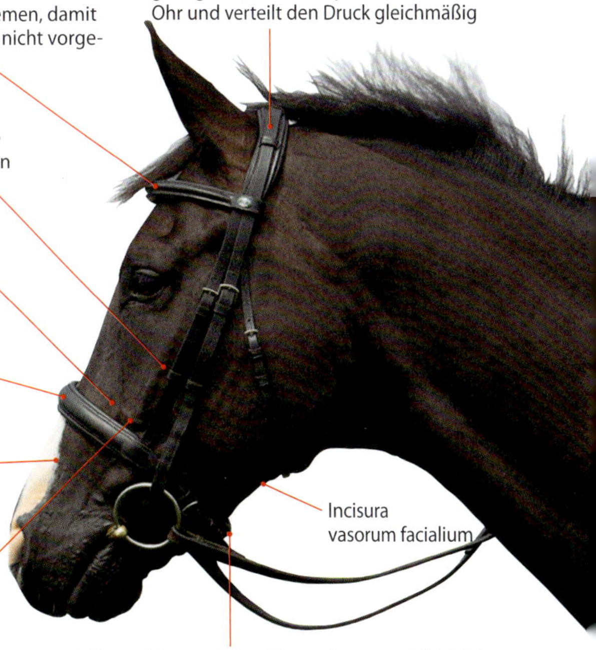

RECHTS *Da ein schlecht sitzender Zaum weitreichende Probleme bei Balance, Wohlbefinden und Verhalten auslösen kann, sollte bei der Auswahl von Art und Größe des Zaumzeugs unbedingt auf die Anatomie und das Wohlbefinden des Pferdes geachtet werden.*

Innere Kopfstrukturen

Das Pferdemaul ist sehr sensibel. Es besteht aus Lippen, 36 bis 44 fortwährend wachsenden Zähnen, hartem und weichem Gaumen, Zunge, Speicheldrüsen und den jeweils zugehörigen Muskeln.

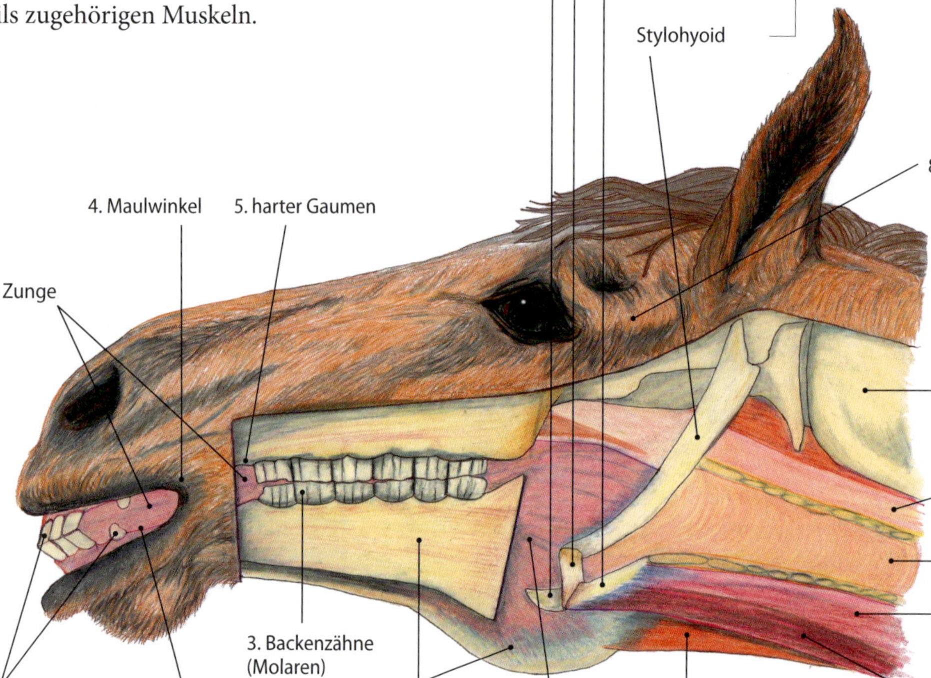

Jedes Pferdemaul ist einzigartig und ein angenehm passendes Gebiss ist extrem wichtig. Einfach ausgedrückt, üben gerade Gebisse mehr Druck auf die Zunge aus, gebogene oder gebrochene Gebisse mehr Druck auf die Laden.

Verursacht ein Gebiss Schmerzen oder Unbehagen, stört dies die Kommunikation und sowohl die Leistung als auch das Maul leiden. Probleme rühren meist nicht vom Gebiss selbst, sondern von seinem unsachgemäßen Gebrauch und den Händen des Reiters her. Das Gebiss darf nicht zu hoch oder zu tief verschnallt werden und da die Maulanatomie so individuell sein kann, ist bei der Auswahl die Hilfe eines Fachmanns sinnvoll.

1. Schneide- und Hengstzähne

Diese Zähne kommen nur mit dem Gebiss in Kontakt, wenn es zu tief sitzt.

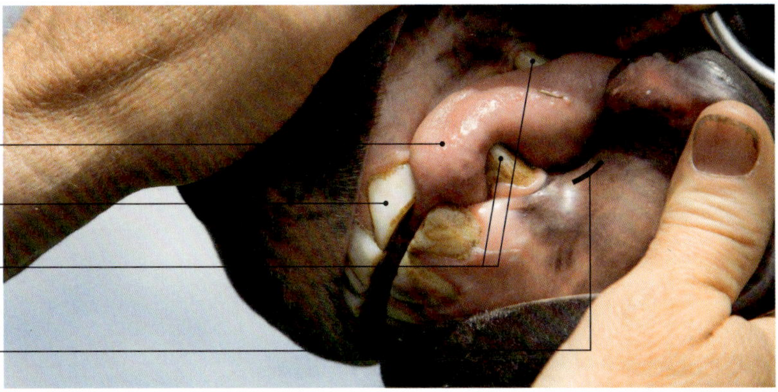

2. Laden

Zwischen den Schneide- und den Backenzähnen liegen die zahnlosen, von Schleimhaut überzogenen Laden, auf denen das Gebiss liegt. Sie sind empfindlich und werden leicht gequetscht. Manche Pferde entwickeln Knochenverdickungen und selten sogar Knochensporne durch den Gebissdruck.

3. Backenzähne

Da der Oberkiefer breiter ist als der Unterkiefer und da Pferde elliptische Kaubewegungen machen, entstehen an der Wangenseite der Oberkiefermolaren scharfe Kanten. Diese müssen alle sechs Monate von einem Pferdezahnarzt kontrolliert werden, damit das Pferd sich wohlfühlt und gute Leistungen bringen kann. Die korrekte Kieferstellung zu erhalten, ist unerlässlich.

Manchmal bricht vor den Backenzähnen ein sogenannter Wolfszahn durch, der am Gebiss stört und zu Unbehagen führt. Dann können spezielle Gebisse helfen oder in manchen Fällen muss der Wolfszahn entfernt werden.

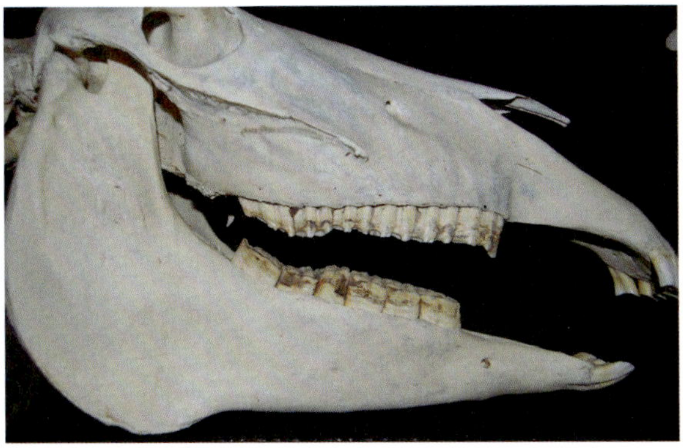

Die Maulwinkel sollten regelmäßig kontrolliert werden.

4. Maulwinkel

Die Maulwinkel sollten regelmäßig kontrolliert werden. Ein zu hoch sitzendes, unpassendes oder scharfes Gebiss oder harte Reiterhände können zum Einreißen führen, was für das Pferd sehr unangenehm ist.

5. Harter Gaumen

Im harten Gaumen liegt eine Knochenplatte, die von Pferd zu Pferd unterschiedlich weit nach oben gewölbt ist. Gebisse mit Zungenfreiheit entlasten zwar die Zunge, drücken jedoch unangenehm gegen den harten Gaumen.

6. Zunge

Die große muskulöse Zunge ist an ihren Rändern empfindlicher und der sensibelste, verletzungsanfälligste Teil des Mauls. Ihre Größe ist rasseabhängig, aber eine große Zunge kann man in der Regel daran erkennen, dass sie sich an den Laden zwischen die Zähne wölbt (S. 75 oben). Wie bei jedem anderen Muskel können Verspannungen der Zunge eine Muskelketten-Reaktion auslösen.

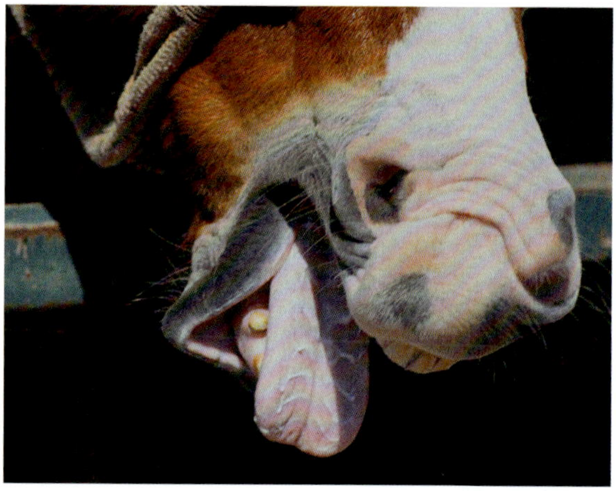

7. Zungenbein

Das aus fünf Knochen zusammengesetzte Zungenbein (Os hyoideum) liegt an der Schädelbasis zwischen Unterkiefer und Kehlkopf. Hier setzen die Zungenmuskeln an sowie einige Muskeln, Sehnen und Bänder von Schlundkopf, Hals, Brustbein und sogar vom Vorderbein. Wir berühren es zwar nicht mit dem Gebiss, doch da die Zunge hier ansetzt, können Einschränkungen der Zungenbeweglichkeit Auswirkungen auf Atmung, Halshaltung und die gesamte Körperhaltung sowie die Beweglichkeit und die Protraktion der Vorhand haben.

Das Zungenbein

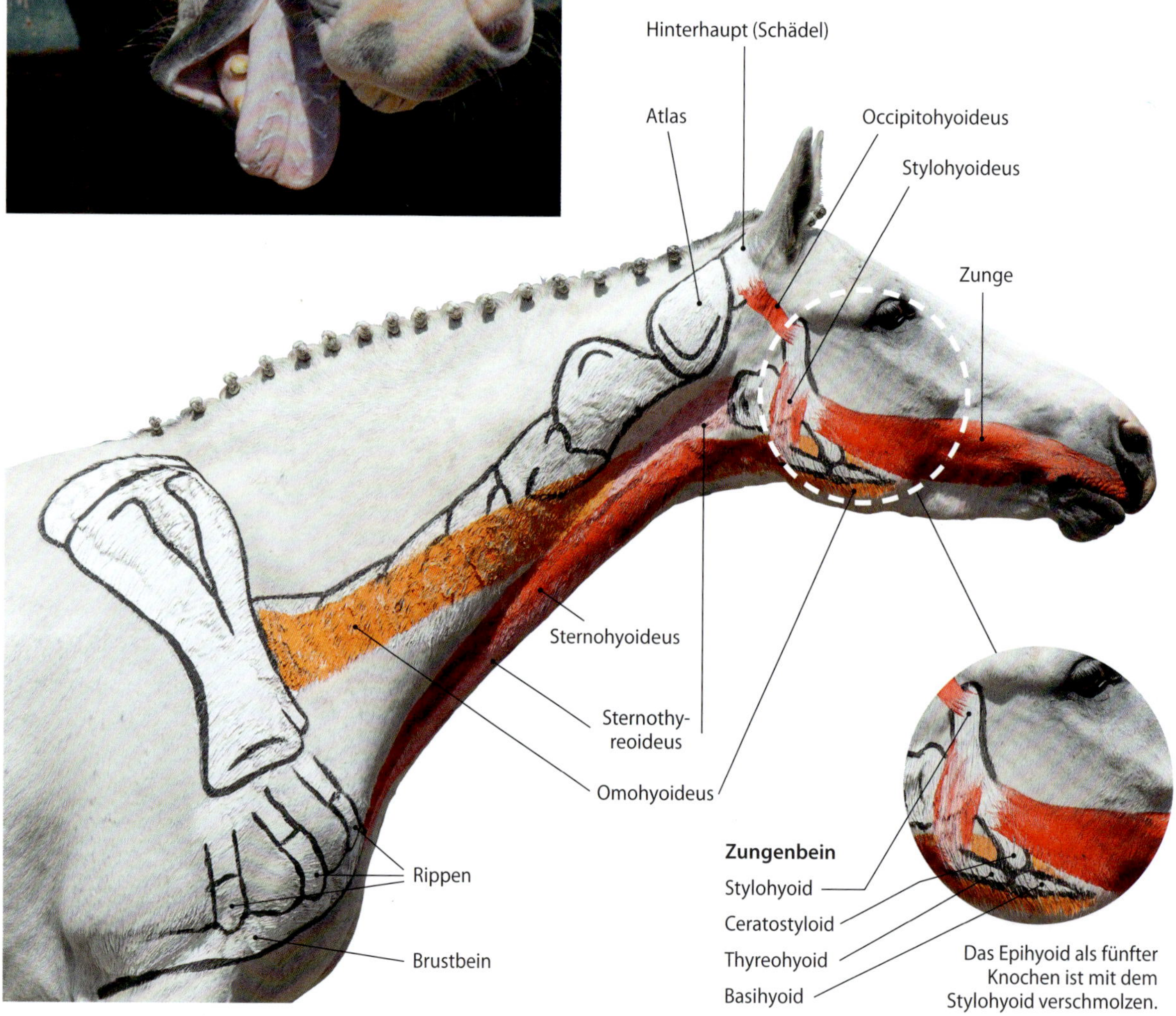

8. Kiefergelenk

Das Kiefergelenk verbindet Ober- und Unterkiefer über eine gelenkige Verbindung zwischen Schläfenbein und Mandibula sowie die umgebenden Sehnen, Bänder und Muskeln. Seine wichtigsten Funktionen sind die Kau- und Kieferbewegungen sowie die korrekte Ausrichtung der Zahnreihen. Über das Schläfenbein besteht eine enge Verbindung zwischen Kiefergelenk und Ohr, dem Sitz des Gleichgewichtsorgans, die für das Gleichgewicht, die Propriozeption und die Haltung wichtig ist. Bewegungen sind abhängig von der Beziehung zwischen Stamm- und Gliedmaßenskelett, für die das Kiefergelenk über die Muskelketten eine entscheidende Rolle spielt.

Viele Pferde leiden unter Kiefergelenksproblemen mit myofaszialen Schmerzen oder Entzündungen und schmerzhaften Bändern, deren Ursprung oft Zahn- oder Kieferfehlstellungen sind. Sie haben eine zerstörerische Wirkung auf Balance, Wohlbefinden, Verhalten und jeden Aspekt von Leistung und Gesundheit. Neben anderen Ursachen resultieren Kiefergelenksprobleme aus:

- unpassendem Gebiss und zu engem Nasenriemen,
- Druck und Zug am Unterkiefer durch die Einwirkung des Gebisses,
- unfähige Reiter und Festhalten an den Zügeln, um das Gleichgewicht zu halten.

Der große Kaumuskel ist der wichtigste Beweger des Kiefergelenks und schließt die Kiefer.
Reißt das Pferd sein Maul auf und fixiert den Unterkiefer, um sich der Reiterhand zu widersetzen, spannt es nicht nur den Kaumuskel, sondern alle Muskeln von Hals und Kopf an, was die gesamte Strecker- und Beugerkette beeinflusst und ein völlig verspanntes, unglückliches Pferd zur Folge hat.

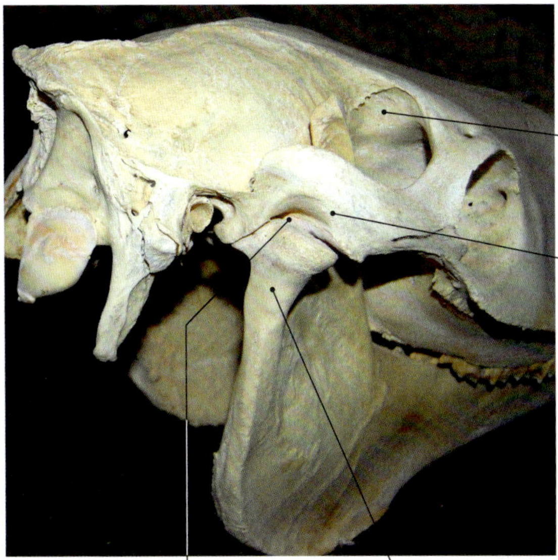

Rectus-capitis-Muskelgruppe

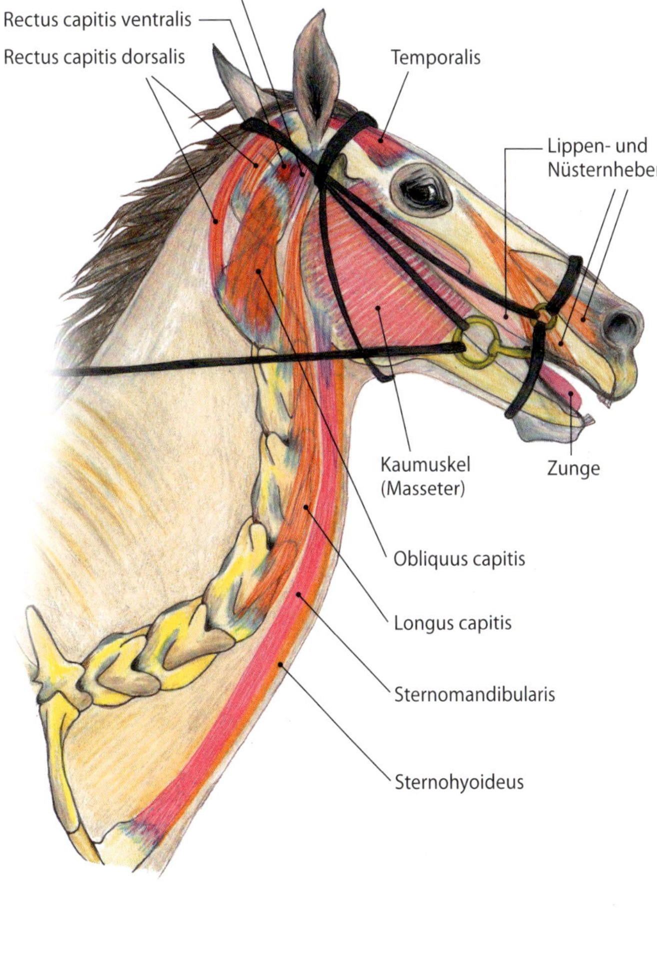

Anlehnung

Anlehnung beschreibt die Verbindung zwischen dem Pferdemaul und der Reiterhand. Sie ermöglicht die Kommunikation über Richtung, Tempo, Geraderichtung und Versammlung. Die Anlehnung sollte weder zu leicht sein, sodass das Pferd nicht weiß, was es tun soll, noch zu hart, was dem empfindlichen Maul schaden und Widerstand oder Auf-den-Zügel-legen provozieren kann. Für eine kontinuierliche Anlehnung müssen Reiter und Pferd die nötige Kernstabilität und Muskelkraft besitzen, um ihre Balance und den Rahmen halten zu können. Jede unangenehme, das Gleichgewicht störende oder ablenkende Aktion des Reiters ist kontraproduktiv, zum Beispiel:

- plötzlich wechselnde Zügelspannung von locker zu fest,
- ständiges Manipulieren am Zügel,
- plötzlicher Zug nach hinten,
- blockierte Ellbogen,
- zusammengefallene Brust mit nach innen rotierten Schultern,
- fixierte, unnachgiebige Hände.

Dieses Pferd zeigt eine leichte, beständige Vorwärtsanlehnung, bei der der Reiter mit seinen Händen und Unterarmen der Bewegung folgt.

ZUSAMMENFASSUNG

- Um dem Pferd die Last zu erleichtern, muss der Reiter ruhig im Gleichgewicht sitzen und präzise, einfühlsame und unabhängige Hilfen geben.
- Es ist wichtig, die Anatomie und Physiologie der Strukturen zu kennen, auf denen wir sitzen.
- Auf unsere Haltung, unseren Körper und unsere Fitness zu achten, macht es dem Pferd leichter, unser Gewicht zu tragen.
- Wir nutzen vor allem den Kopf des Pferdes, um es zu beeinflussen und zu kontrollieren.
- Es ist wichtig, dass Sattel, Trense und Gebiss passen und korrekt sitzen.
- Die Anlehnung zwischen Pferdemaul und Reiterhand sollte leicht, ausbalanciert und beständig sein.

6 Asymmetrien

Symmetrie

Wenn wir die Symmetrie des Pferdes beurteilen, ist die beidseitige muskuloskelettale Symmetrie gemeint, mit identischer oder fast identischer Größe, Form und Position der Körperhälften. Symmetrische Bewegungen bedeuten, dass Schrittlänge und Leistungsvermögen auf beiden Händen gleich sind. Dies wäre das Ideal.

Kein Skelett, Rahmen oder Muskelsystem bei Pferd oder Mensch ist völlig symmetrisch.

Seitigkeit

Die Seitigkeit, beim Menschen als Rechts- oder Linkshändigkeit bekannt, entsteht durch die Dominanz einer Hirnhälfte, die auch bei Pferden festzustellen ist. Was kaum von Bedeutung ist, so lange ein Pferd nicht geritten wird, zeigt sich beim Reiten als Vorliebe für die Arbeit auf einer bestimmten Hand. Manche Pferde präsentieren sich also besser oder sicherer auf der rechten Hand, andere auf der linken.

Asymmetrische Reiter

Etwa 80 Prozent aller Menschen sind Rechtshänder mit dominanter linker Hirnhälfte. Bei ihnen hat sich die linke Körperhälfte auf Gleichgewicht und Unterstützung spezialisiert, während die rechte für die Motorik verantwortlich ist. Dieses Muster wird fortwährend gefestigt durch das „zelluläre Gedächtnis“ der bei den Bewegungen gebrauchten Muskeln und Faszien, etwa beim Schreiben mit der rechten oder linken Hand.

Jeder Sport, ob Gymnastik, Laufen, Tanzen oder Reiten, erfordert ein spezifisches neuromuskuläres Training, um die angeborene Asymmetrie zu minimieren. Beim Reiten wird die Asymmetrie jedoch durch die Interaktion mit dem Pferd verkompliziert. Menschen können mithilfe eines Physiotherapeuten myofasziale Ungleichgewichte und Asymmetrien erkennen und durch entsprechende Übungen ihre Haltung verbessern sowie ungesunde Bewegungsmuster verändern. Pferde haben diese Möglichkeit nicht, weshalb wir als ihre persönlichen Trainer ein Programm zur Minimierung ihrer und unserer eigenen Asymmetrien zusammenstellen müssen.

UNTEN *Hier wird die starke Seite kontinuierlich gekräftigt, während die schwache Seite fortwährend geschwächt wird.*

RECHTS UND UNTEN RECHTS *Dehn- und Kraftübungen für Pferde sowie Pilates, Yoga oder die Alexander-Technik für uns selbst sind ein guter Start zur Korrektur von Asymmetrien.*

Eine symmetrische Haltung ist sehr erstrebenswert und sollte mehrere Kriterien erfüllen. Sie sollte effiziente Bewegungen ermöglichen, die ein Minimum an Energie erfordern und geschmeidige Übergänge von einer Bewegung zur nächsten erlauben, ohne andere Abläufe zu stören. Viele Reiter entsprechen diesem Ideal jedoch nicht, sondern sind asymmetrisch und eine über lange Zeit angenommene asymmetrische Haltung verändert Nerven- und Skelettmuskeln so, dass sie zur Normalhaltung wird. Dadurch können Bewegungen blockiert und Aktivitäten anstrengender bzw. ermüdender werden. Sind die Beckengürtelmuskeln wie Psoas, Adduktoren, Piriformis, lange Sitzbeinmuskeln und Beckenboden ungleichmäßig entwickelt, beeinflusst dies den Reitersitz, Hilfen und Gleichgewicht.

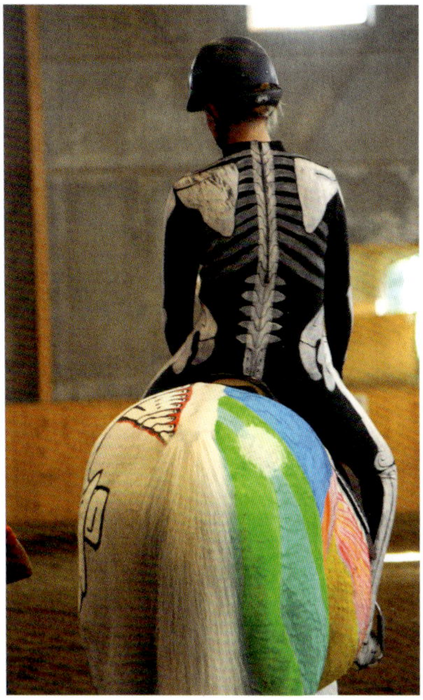

Ist eine Seite des Reiters besonders dominant oder übt er eine einseitige Arbeit aus, die zu einer stärkeren und einer schwächeren Seite führt, wird dies das Reiten beeinflussen. Seine Hilfen sind auf einer Seite stärker und sein Gewicht ist ungleichmäßig verteilt. Das Pferd kann darauf reagieren, indem es sich einseitig aufs Gebiss legt, schief springt, sich auf einer Seite nicht biegt oder über die Schulter ausfällt und auf den Händen ungleichmäßig arbeitet.

GEWICHTSHILFEN

Effektive Gewichtshilfen sind schwierig, da der Reiter zuerst lernen muss zu entspannen, seinen Schwerpunkt mit dem des Pferdes ins Gleichgewicht zu bringen, die Kernmuskeln zu aktivieren und völlig ruhig zu sitzen, ohne die Bewegungen zu stören. Ein asymmetrischer Reiter wird versuchen, mit dem Gewicht seines Kopfes, der Arme oder Beine seine Position zu stabilisieren. Die Auswirkungen auf das Pferd fallen entsprechend negativ aus. Ein harmonisches Zusammenspiel ist nicht möglich. Im Gleichgewicht zu sitzen, erlaubt Reitern unabhängige Hände, eine gute Reithaltung und feine Schenkelhilfen. Wenn das Pferd lernt, auf die feinen Gewichtshilfen zu reagieren, wird die Kommunikation unsichtbar.

Asymmetrische Pferde

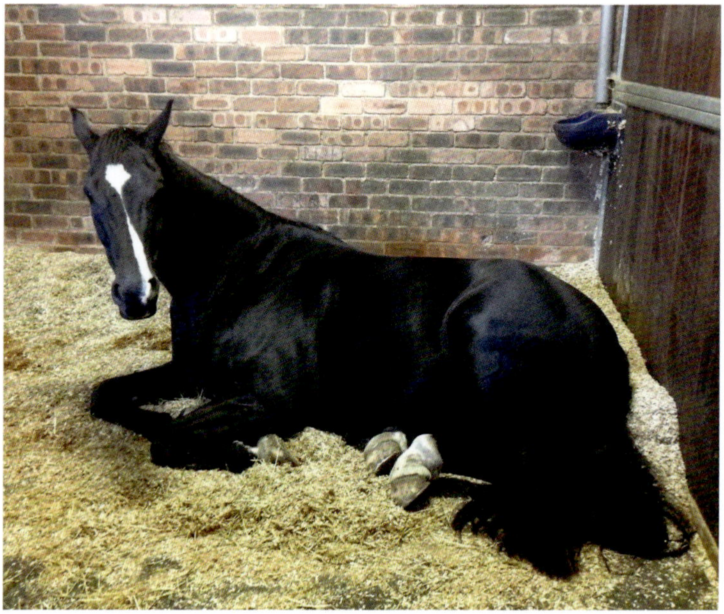

OBEN *Pferde legen sich meist auf eine Seite und können sich besser von einer Seite über den Rücken rollen als von der anderen. Dieses Pferd liegt gern auf der rechten Seite, mit den Beinen nach links, und arbeitet besser auf der linken Hand.*

Ebenso wie ein nahezu symmetrischer Reiter wird ein nahezu symmetrisches Pferd eher geradegerichtet sein, sein Gewicht gleichmäßig verteilen und korrekte, energiesparende Bewegungen zeigen. Ein asymmetrisches Pferd hingegen wird ungleichmäßige Abnutzung der Beine bzw. des Körpers, ungleichmäßige Gänge und schließlich Lahmheiten entwickeln. Die Asymmetrie des Körperbaus kann angeboren sein oder erworben, etwa durch ein Trauma, durch ungleichmäßig entwickelte Muskeln oder Lahmheiten. Sie kann sich verschlimmern, wenn das Pferd zum Beispiel immer zur selben Seite das Heu aus dem Heunetz zieht oder immer von derselben Seite geführt, gesattelt und aufgestiegen wird oder mehr auf einer Hand gearbeitet wird als auf der anderen. Pferde bewegen sich immer so, wie es für sie am angenehmsten ist und Asymmetrien werden oft unabsichtlich gefördert, indem die starken Muskeln immer wieder gestärkt und die schwachen weiter geschwächt werden. Daraus folgen, oft schon in jungem Alter:

- ungleichmäßiger Muskeltonus und Muskelmasse,
- ungleichmäßig entwickelter Bewegungsapparat,
- asymmetrische Bewegungsmuster.

Die Asymmetrie zeigt sich in:
- Muskelimbalancen,
- ungleichmäßigem Schub aus der Hinterhand,
- ungleicher Hinterhandprotraktion,
- eingeschränkter Beweglichkeit und Problemen, sich in eine Richtung zu biegen,
- ständigem Ausfallen über eine Schulter,
- bevorzugtem Arbeiten auf einer Hand,
- dem Bevorzugen einer Seite beim Galoppieren oder beim Landen nach einem Sprung,
- Gehen auf drei Spuren statt auf zweien.

OBEN *Pferde, die immer in schiefer Haltung grasen, entwickeln leicht eine ungleichmäßige Muskulatur, was die Bewegungen und die Schrittlänge beeinflusst. Wenn das Pferd noch wächst, kann es auch die Knochen der Vorhand, das Hufwachstum und die Huf-Fessel-Achse beeinflussen.*

Die Gründe für Asymmetrien sind nicht immer offensichtlich. Bei der Ponywirbelsäule im unteren Bild liegt zwischen dem 18. Brust- und dem ersten Lendenwirbel ein überzähliger Wirbel, dem auf der rechten Seite eine Rippe entspringt, auf der linken ein Lendenwirbelquerfortsatz. Diese anatomische Asymmetrie hatte sicherlich Auswirkungen auf die Fähigkeit, sich gleichmäßig zu biegen. Die Geraderichtung und die Symmetrie in der Bewegung zu beurteilen, ist ebenso wichtig wie die Beurteilung im Stand. Ein qualifizierter Therapeut kann die Bewegungsmuster identifizieren, die geändert werden sollten, und deren körperliche Ursachen erkennen. Dann können neue, für Pferd und Reiter vorteilhaftere Bewegungsmuster geübt werden.

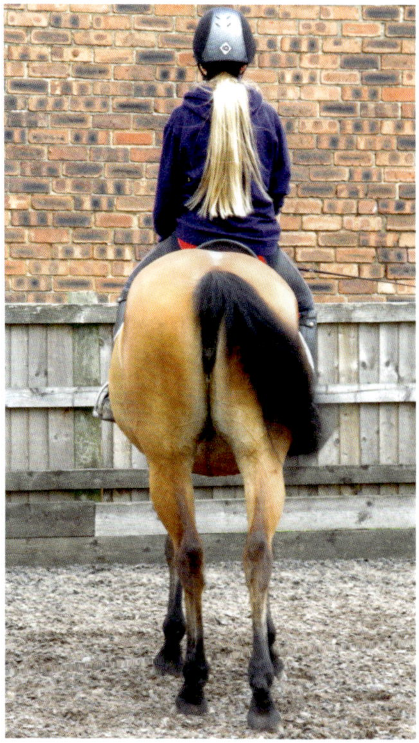

RECHTS *Wenn ein gut sitzender Sattel immer auf eine Seite rutscht, kann eine Hinterhandlahmheit mit ungleichmäßiger Schubübertragung Richtung Rücken die Ursache sein. Andere mögliche Gründe sind asymmetrische Rückenmuskeln, schiefe Sattelpolsterung, ungleiche Steigbügel oder ein asymmetrischer Reiter.*

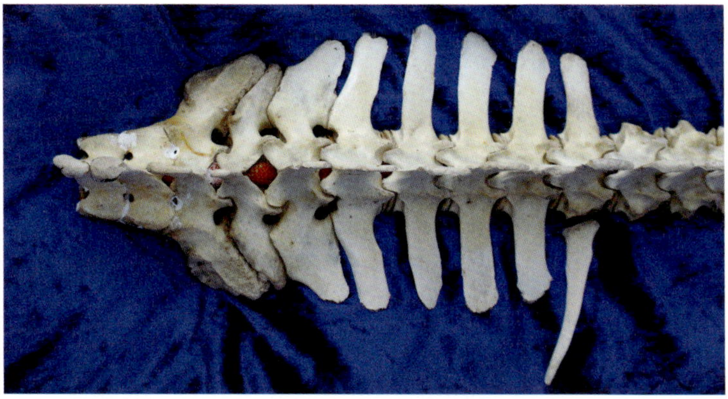

LINKS *Dieses Pony hatte einen überzähligen Wirbel zwischen dem 18. Brust- und dem ersten Lendenwirbel.*

UNTEN *Die Beurteilung der Symmetrie in Bewegung ist ebenso wichtig wie die im Stand.*

Asymmetrie kompensieren

Muss eine Asymmetrie ausgeglichen werden, können sich dadurch Bewegungsmuster an weit entfernten Körperstellen verändern. Beispielsweise können Schmerzen am Kiefer auch Genick, Hals, Vorderbeine und Rücken beeinflussen. Diese komplexen Folgen variieren von Pferd zu Pferd.

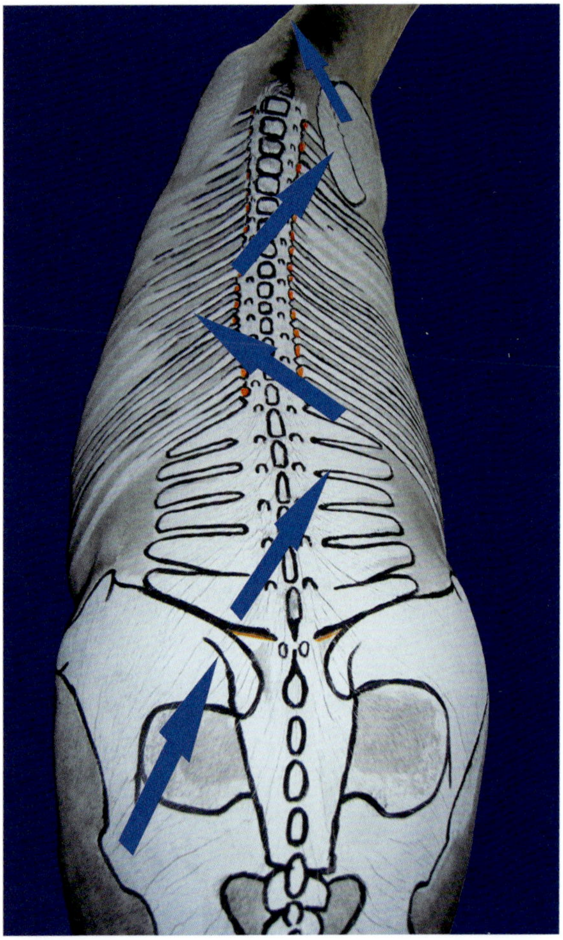

OBEN *Ungleichmäßiger Schub aus der Hinterhand wird auch ungleichmäßig nach vorne weitergeleitet. Die Pfeile zeigen die mögliche Ausrichtung kompensatorischer Kräfte, die erklären, weshalb Pferde bei Hinterhandlahmheit Rückenschmerzen bekommen können.*

RECHTS *Für höhere Dressurlektionen müssen Reiter und Pferd geradegerichtet sein. Übungen zur Förderung von Geraderichtung, Balance und gleichmäßiger Schubentwicklung der Hinterhand, die der Asymmetrie entgegenwirken, finden Sie in Teil 2.*

Geraderichtung

Wenn wir die natürliche Schiefe unseres Pferdes erkennen und akzeptieren, können wir Maßnahmen treffen, die ihr entgegenwirken. Durch Muskeltraining und Geraderichtung kann es Haltung, Bewegungen und Leistung optimieren. Ein geradegerichtetes Pferd ist physisch wie psychisch im Gleichgewicht, muskulär symmetrisch konditioniert, geschmeidig, stark und fähig, den Rücken zu heben und den Reiter zu tragen.

Geraderichtung bezieht sich auf die muskuläre Symmetrie und die seitengleiche Entwicklung des Pferdes. Ist das Pferd geradegerichtet, ist seine Längsachse gerade ausgerichtet und kann sowohl einer geraden als auch einer gebogenen Spur folgen. Es kann sich auf beiden Händen gleichmäßig biegen und erreicht bessere Leistungen. Egal bei welcher Aktivität, auf welcher Trainingsstufe oder mit welcher Kopfhaltung, ob wir Schritt am langen Zügel oder Versammlung verlangen, Seitengänge oder fortgeschrittene Dressurlektionen: Das Gewicht ist immer gleichmäßig verteilt, die Hinterbeine treten in Richtung Schwerpunkt und der Gelenkverschleiß wird minimiert.

ASYMETRIE BEURTEILEN

Diese einfache Checkliste von 20 Körpermerkmalen ermöglicht die Berteilung der Symmetrie an einem im Rechteck auf ebenem Boden stehenden Pferd.

1. Sind die Hüfthöcker auf einer Ebene?
2. Sind die beiden Kreuzhöcker horizontal?
3. Sind die Hinterbacken auf beiden Seiten gleichmäßig bemuskelt?
4. Sind die Sitzhöcker gleich hoch?
5. Wird der Schweif mittig oder auf einer Seite getragen?
6. Ist die Wirbelsäule vom Schweif bis zu den Ohren gerade?
7. Sind die Ohren auf gleicher Höhe?
8. Sind Widerrist und Oberränder der Schulterblätter beidseits gleichmäßig?
9. Ist die Rückenmuskulatur beidseits gleichmäßig ausgebildet?
10. Sind die Oberschenkel auf beiden Seiten gleichmäßig bemuskelt?
11. Sind die Sprunggelenke auf einer Höhe?
12. Sind die Brustmuskeln symmetrisch entwickelt?
13. Sind Halsansatz und Schultern gleichmäßig bemuskelt?
14. Sind die Schultergelenke auf einer Höhe?
15. Sind die Vorderbeine auf beiden Seiten gleichmäßig bemuskelt?
16. Sind Hufform und Huf-Fessel-Achse rechts und links gleich?
17. Sind die Hufe gleichmäßig abgenutzt?
18. Sind die Fesseln symmetrisch?
19. Ist der Rippenbogen beidseits gleich?
20. Sind Kopf und Hals beidseits gleich?

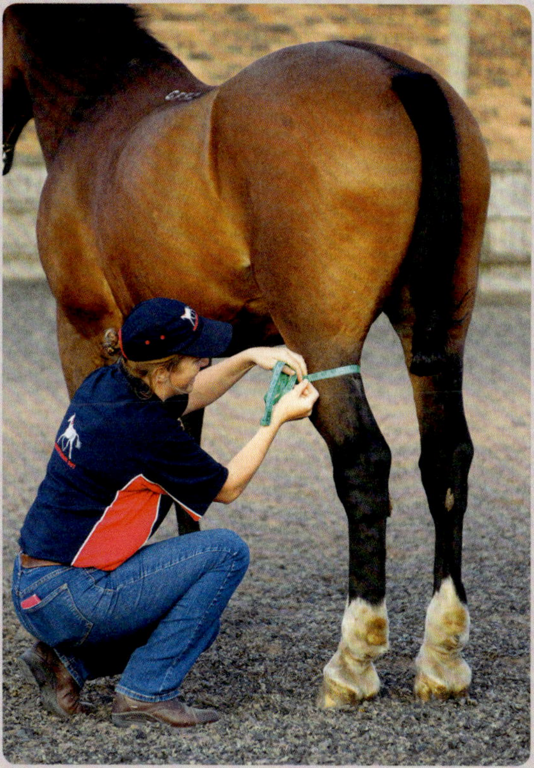

Bei diesem Pferd sind Kruppe und Oberschenkel ungleichmäßig bemuskelt. Die Ursache könnten ungleichmäßige Bewegungen, Unbehagen, der Körperbau, das Training oder das Management sein.

ZUSAMMENFASSUNG

- Weder Pferd noch Mensch sind völlig symmetrisch.
- Ein nahezu symmetrisches Pferd erreicht eher Geraderichtung, korrekte Bewegungen und gleichmäßige Gewichtsverteilung.
- Asymmetrischer Schub der Hinterhand kann eine Ursache für rutschende Sättel sein.
- Pferde bevorzugen eine Hand, je nach ihrer Seitigkeit.
- Als Kompensation von Asymmetrien entstehen veränderte Bewegungsmuster.

7 Gangarten

Die Gangarten

Dieser Abschnitt betrachtet die natürlichen Gangarten Schritt, Trab und Galopp, vergleicht ihre jeweilige Biomechanik und zeigt die Vorteile der Sprintarbeit. Innerhalb einer Gangart wird unterschieden zwischen Arbeits-, Mittel- und starkem oder versammeltem Schritt, Trab oder Galopp sowie dem freien Schritt. Außerdem gibt es zusätzliche Gangarten wie Pass, Tölt oder Running Walk, für die bestimmte Rassen wie das Tennessee Walking Horse gezüchtet wurden.
Die korrekte Ausführung von Schritt, Trab und Galopp zu perfektionieren, lässt sie zu eigenständigen Übungen werden und bildet eine gute Basis für das weitere Training.

Trabtraversale nach rechts

Galopptraversale nach rechts

Die gleiche Übung hat in verschiedenen Gangarten jeweils andere Auswirkungen auf den Bewegungsapparat.

1. Schritt

Schritt ist ein regelmäßiger Viertakt. Normalerweise treten die Hinterhufe über. Der Schritt muss regelmäßig und taktrein sein. Er sollte fleißig und mit Schwung geritten werden. Damit dies gelingt, müssen Pferd und Reiter entspannt sein. Ein guter Schritt bildet die Basis des gesamten Trainings. Junge Pferde beginnen ihre Ausbildung im freien Schritt am langen Zügel. So können sie sich bei leichtem Kontakt entspannen, sich umsehen, durch den Rücken arbeiten und die Oberlinie dehnen, ihre Muskeln und Knochen kräftigen sowie lange, gleichmäßige Schritte entwickeln. Ist dies erreicht, kann der Reiter mehr Kraft aus der Hinterhand entwickeln, eine leichte Anlehnung aufnehmen und die übrigen Schrittarten entwickeln. Immer wenn das Pferd anstrengende Muskelarbeit leisten musste oder neue Bewegungen lernt, sind Phasen im freien Schritt am langen Zügel wichtig.

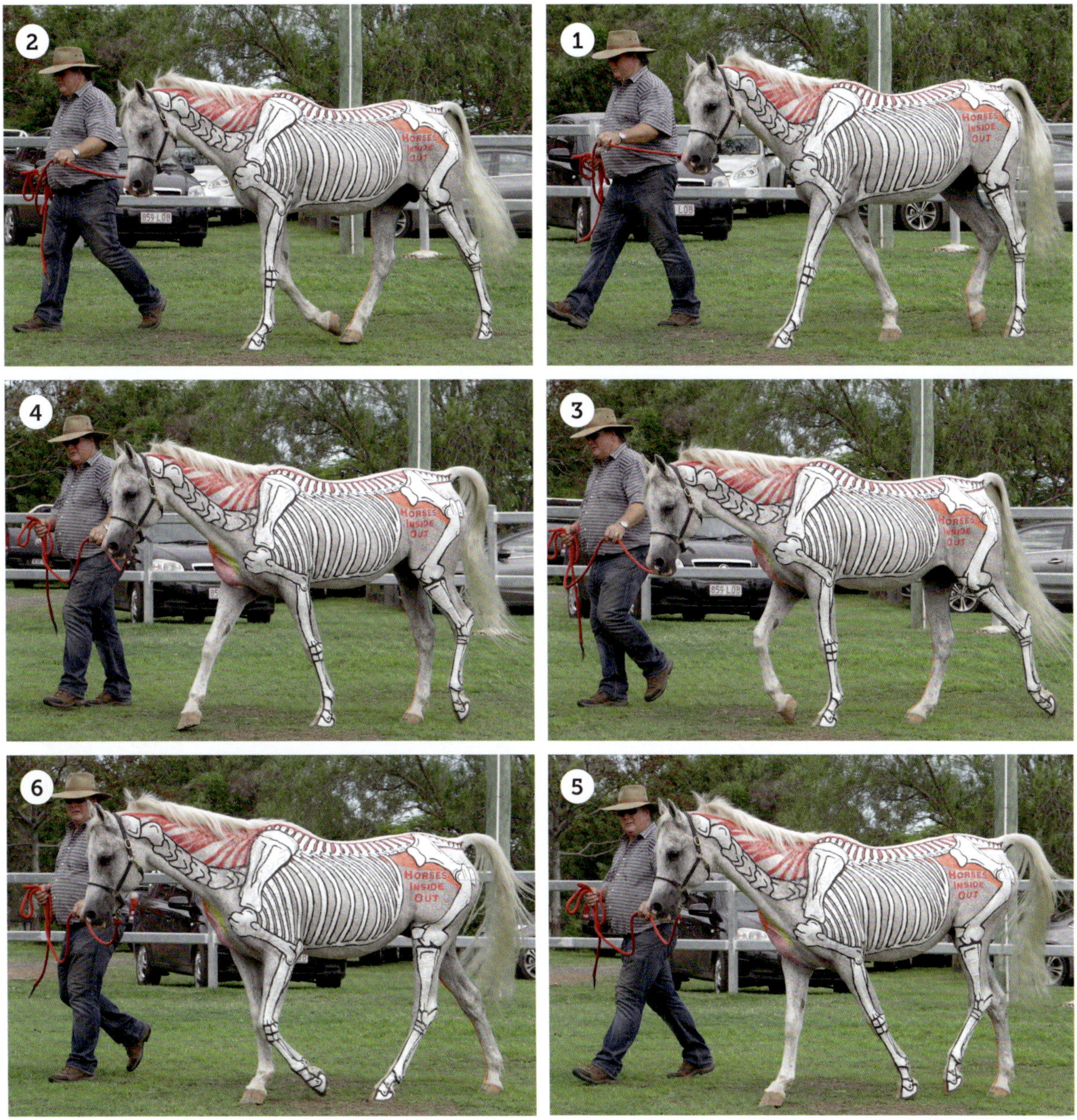

Rückenbewegungen im Schritt

Die verschiedenen Schrittarten unterscheiden sich in Schrittlänge, Geschwindigkeit, Schwung und Tempo. Da es keine Schwebephase gibt, werden diese Faktoren direkt durch die Beweglichkeit von Hüfte, Becken und Rücken beeinflusst, statt durch den Schwung. Von allen Gangarten erfordert der Schritt die größte Rippen-, Brust- und Lendenwirbelbeweglichkeit. Nähern sich das linke Vorder- und Hinterbein einander (S. 87, Abb. 5), schwingen die Rippen nach rechts. Wird der Abstand zwischen linkem Vorder- und Hinterbein wieder größer, schwingen die Rippen nach links (S. 87, Abb. 1). Da das Becken über das ISG mit dem Kreuzbein verbunden ist, erzeugen die Beckenbewegungen eine Rotation und seitliche Biegung der Wirbelsäule. Da er die Beweglichkeit fördert, ist der Schritt eine ausgezeichnete Gangart, um Verspannungen des Rückens zu lösen und die Brust-Lendenwirbelsäule zu mobilisieren.

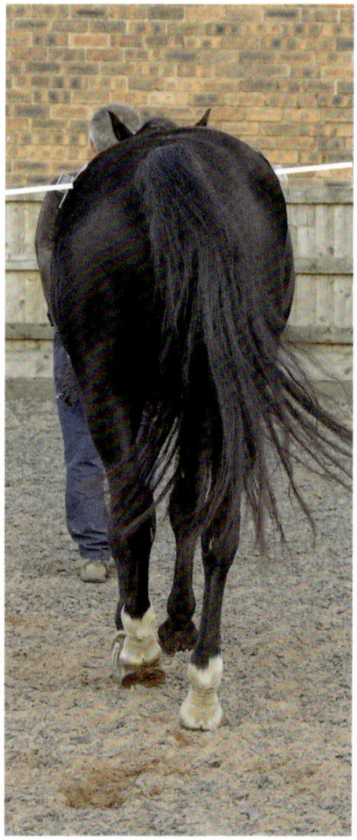

Vorteile des Schrittreitens

Der Nutzen des Schritts als erschütterungsarme Gangart mit geringem Verletzungsrisiko wird oft unterschätzt. Er eignet sich besonders zum

- Aufwärmen,
- Lockern der Wirbelsäule,
- Verbessern der Wirbelsäulenrotation und -seitwärtsbiegung,
- Steigern der Schrittlänge und des Bewegungsradius der Gelenke,
- Entspannen,
- Verbessern von Muskelkraft und -kontrolle,
- Einführen neuer Übungen.

Schrittunregelmäßigkeiten

Einen gleichmäßigen, taktreinen, entspannten Schritt zu entwickeln ist nicht leicht. Körperliche oder psychische Anspannung, Erwartungen, Einflüsse des Reiters, Lahmheiten, neurologische Probleme oder zu frühe, zu starke Versammlung, führen zu einem Verlust der Gleich- und Regelmäßigkeit der Schritte, zum Jog oder einem fehlerhaften Schritt.

Beim fehlerhaften passartigen Schritt bewegen sich die Beine nicht im regelmäßigen Viertakt (1…2…3…4), sondern fast im Zweitakt, zum Beispiel innere Hinterhand und innere Vorhand gefolgt von äußerer Hinterhand und äußerer Vorhand in Form eines 1 2…3 4-Rhythmus.

Den Schritt verbessern

Der Schritt lässt sich verbessern, indem man:

- Entspannung und Vertrauen durch viel freien und verlängerten Schritt am langen Zügel fördert.
- regelmäßige Übergänge zwischen Mittel- und freiem Schritt am langen Zügel reitet.
- Konzentration und Koordination mithilfe von Seitengängen wie Schulterherein und Schenkelweichen trainiert.
- im Schritt über Stangen Regelmäßigkeit und Koordination verbessert.
- allmählich ein paar Schritte im versammelten Schritt einführt, sobald ein gleichmäßiger Mittelschritt erreicht ist.

Freier Schritt am langen Zügel.

Schrittarten

Freier Schritt am langen Zügel

Dieses Pferd zeigt einen verlängerten Rahmen und einen guten Bewegungsradius. Es ist entspannt und die geschmeidigen Muskeln erlauben die besonders in der Hinterhand erkennbar verlängerten Schritte.

Versammelter Schritt

Dieses Pferd hat eine gut trainierte, aktive Hinterhand und gut tonisierte Halsmuskeln. Es zeigt gute exzentrische Muskelkontraktion. Der Rahmen ist verkürzt und der Hals etwas aufgerichtet. Da dies ermüdend ist, sind regelmäßige Entspannungsphasen wichtig, in denen es sich vorwärts-abwärts strecken kann. Achtung: Im versammelten Schritt verkürzen sich Rahmen und Schrittlänge, sodass das Pferd nicht übertritt.

Versammelter Schritt

2. Trab

Trab ist ein symmetrischer, rhythmischer Zweitakt, bei dem das Pferd von einem diagonalen Beinpaar auf das andere springt und sich die Hinterbeine jeweils in der entgegengesetzten Schrittphase befinden. Die Schwebephase bedeutet für Muskeln, Sehnen und Bänder eine stärkere Dehnung, da sie mehr Belastung aufnehmen müssen, sobald die Fesseln beim Auffußen durchgedrückt werden. Das anschließende Zurückschnellen spielt eine wichtige Rolle für den Schwung. Zu den Qualitäten eines guten Trabs gehören Takt, Regelmäßigkeit, Kadenz, mentale und körperliche Entspannung, Harmonie und Schwung. Sie entstehen durch:

- korrekte Haltung,
- Balance,
- Geraderichtung,
- symmetrischen, regelmäßigen Schub aus der Hinterhand,
- gleichmäßige Schrittlänge und -höhe.

Rückenbewegungen im Trab

In der Schwebephase des Trabs (Abb. 1 und 4), drücken bei einem 500 kg schweren Pferd etwa 150 kg Baucheingeweide von unten gegen den Rücken, sodass er passiv gebeugt wird. Um dem Druck entgegenzuwirken und die Beugung zu limitieren, spannt sich der Longissimus dorsi an. Umgekehrt zieht in den Stützphasen (Abb. 3 und 6) das Gewicht der Baucheingeweide den Rücken nach unten in die Streckung und die Bauchmuskeln, vor allem der Rectus abdominis, kontrahieren exzentrisch, um dem entgegenzuwirken. Kommt das Gewicht des Reiters hinzu, verringert sich die passive Beugung, während die Streckung zunimmt.

Durch die Fußfolge im Trab sowie das wechselseitige Zusammenziehen der links- und rechtsseitigen Beuger- und Streckerkette, entstehen etwas Seitwärtsbiegung und Rotation der Wirbelsäule, die sich in den Beckenbewegungen widerspiegeln.

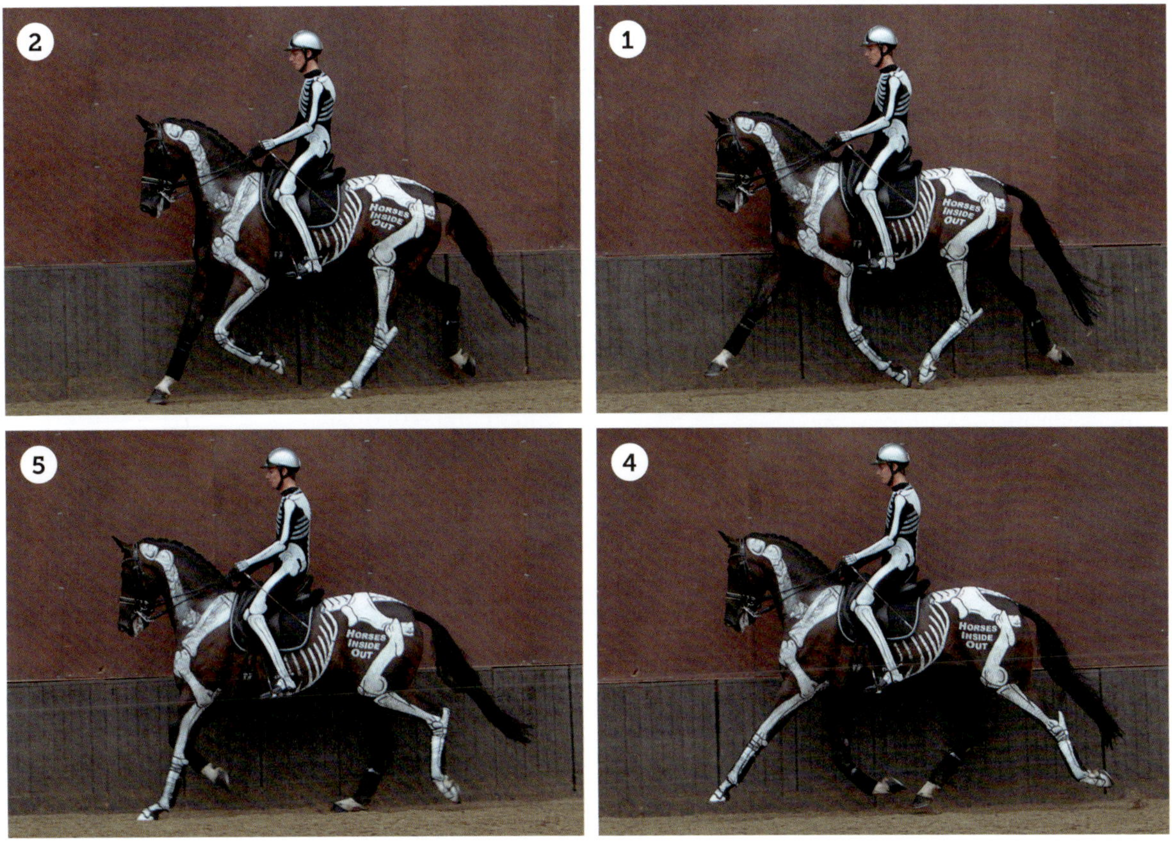

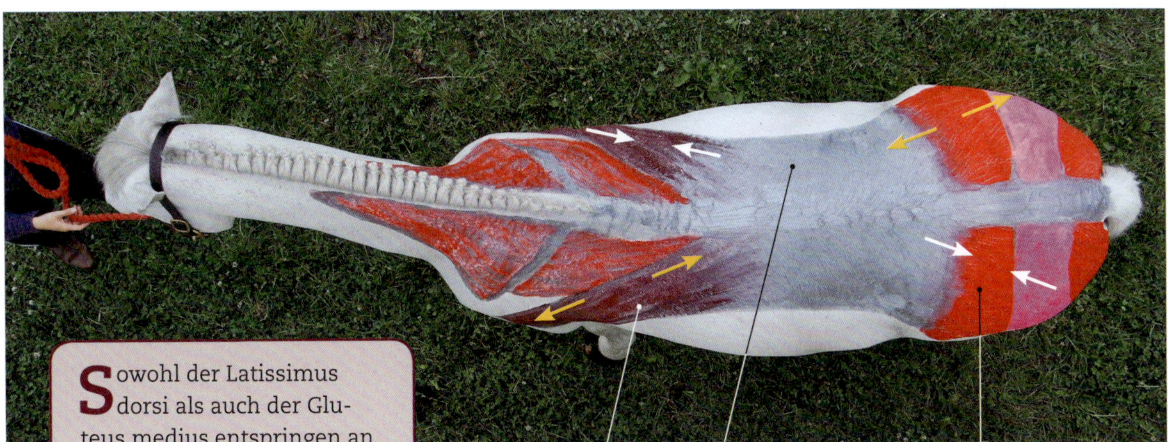

Sowohl der Latissimus dorsi als auch der Gluteus medius entspringen an der Thorakolumbalfaszie.

Ist während der Stützphase der linke Hinterhuf am Boden, kontrahieren sich die linksseitigen Glutealmuskeln und der rechte Longissimus dorsi, während die rechtsseitigen Glutealmuskeln und der linke Longissimus dorsi gedehnt werden. Dadurch wird die Thorakolumbalfaszie beim Vorwärtsschub diagonal gespannt. Schiebt das Pferd asymmetrisch von hinten, wirkt sich das direkt auf die Vorderbeine aus. Dies erklärt, weshalb sich ein Problem in einem Hinterbein im diagonalen Vorderbein widerspiegeln kann.

Vorteile des Trabs

Der Trab ist besonders nützlich zum:

- Verbessern des Takts
- Beurteilen der Symmetrie
- Erkennen von Lahmheiten
- Verbessern der Muskelkraft, des Ausdrucks und der Kadenz
- Verbessern der Balance und der Kernkontrolle

Trabarten

Es gibt eine Reihe von Trabarten, die in Stärke, Tempo und Schrittlänge variieren. Diese Faktoren hängen von der Kraft der Kruppen- und Hinterbackenmuskulatur ab, die das Untertreten der Hinterhand ermöglichen, und von der Kraft der Vorderbeinprotraktoren, die für den Ausdruck der Vorhand sorgen.

Der Arbeitstrab ist die effizienteste Gangart für das Pferd. Arbeitet das Pferd taktrein und beständig in einer guten Haltung, tritt unter und hat ausreichend Muskelkondition, kann man beginnen, auf Mittel- und versammelten Trab hin zu arbeiten. Arbeitet das Pferd auf höherem Niveau, ist es wichtig, zwischen den Phasen intensiverer Arbeit immer wieder Trabphasen am langen Zügel einzuschieben, damit die Muskeln sich erholen können.

Versammelter Trab

Ebenso wie der starke Trab sollte der versammelte Trab nicht eingeführt werden, bevor das Pferd die skelettale Reife erlangt hat und ausreichend Muskelkraft besitzt. Er zeigt einige Besonderheiten:

- verkürzte, höhere und kraftvollere Schritte
- anatomisch gesehen stärkere Beugung von Hüfte, Knie, Sprunggelenk und Fessel und dadurch stärkere Schubkraft
- Die stärkere Hankenbeugung und das vermehrte Gewicht auf der Hinterhand erfordern Muskelkraft und -kontrolle.
- Starke Kernmuskeln sind nötig, um den verkürzten Rahmen und die leichtere Vorhand beizubehalten.
- Der gewölbte, hoch getragene Hals trägt zur Leichtigkeit und Mobilität der Schultern bei.

Da der versammelte Trab als Voraussetzung für Piaffe und Passage sehr ermüdend ist, sollte er regelmäßig durch einige Schritte Mitteltrab oder Arbeitstrab zur Dehnung und Erholung der Muskeln unterbrochen werden. Regelmäßig einige Schritte versammelten Trab in den Arbeitstrab einzubauen, ist eine wirksame Kräftigungsübung für junge Pferde.

Versammelter Trab

Starker Trab

Für den starken Trab muss das Pferd kräftig und sein Bewegungsapparat ausgereift sein. Er erfordert einen verlängerten Rahmen, einen starken Kern, kräftige Muskeln, Energie und Spannkraft. Er unterscheidet sich vom versammelten Trab durch mehr Wirbelsäulenrotation und -seitwärtsbiegung, längere Schritte, stärkeres Übertreten und eine längere Schwebephase.

Starker Trab

Diagonale Dissoziation

Idealerweise tritt das diagonale Beinpaar gleichzeitig auf, doch ist dies nicht immer der Fall. Die sogenannte diagonale Dissoziation ist nicht mit bloßem Auge erkennbar, sondern nur in Zeitlupe.

Positive Dissoziation, wenn der Hinterhuf kurz vor dem diagonalen Vorderhuf auftritt, weist auf ein gutes „Aufwärtsgleichgewicht" hin. Sie ermöglicht eine stärkere Vorhandprotraktion sowie mehr Gewichtsaufnahme der Hinterhand und ist oft bei fortgeschrittenen Dressurpferden zu sehen.

Negative Dissoziation, wenn der Vorderhuf vor dem diagonalen Hinterhuf auftritt, weist auf ein schlechtes, „Abwärtsgleichgewicht" hin. Dadurch kommt mehr Gewicht auf die Vorhand oder das Pferd zieht sich mehr mit der Vorhand vorwärts, als dass es von hinten schiebt. Viele junge Pferde zeigen eine negative Dissoziation vor allem bei Übergängen in eine langsamere Gangart und wenn sie beginnen, einen Reiter zu tragen. Basisübungen zur Kräftigung und Versammlung (Kapitel 10) wirken dem entgegen.

Positive Dissoziation

Negative Dissoziation

3. Galopp im Dreitakt

Galopp ist eine asymmetrische Gangart im Dreitakt mit einer Schwebephase. Da der meiste Schwung aus dem äußeren Hinterbein entwickelt wird, ist es wichtig, dass der Reiter die Galopphilfe gibt, wenn das äußere Hinterbein am Boden ist. Ein guter Galopp ist rhythmisch, ausbalanciert, kraft- und schwungvoll. Galopplektionen verbessern Kraft, Elastizität und Sprungkraft, Beweglichkeit, Balance, Koordination und Ausdruck.

Durch die Schwebephase, die Geschwindigkeit und die Verteilung auf nur drei Hufe, wirkt mehr als das Doppelte des Körpergewichts auf die Beine ein. Entsprechend stark werden alle beteiligten Muskeln, Sehnen und Bänder durch Dehnung und Rückstoß belastet.

Im Galopp schaukelt der Rumpf zwischen Hinter- und Vorhand. Deshalb ist es die effektivste Gangart zur Kräftigung der thorakalen Muskelschlinge. Sie wird in der Stützphase gedehnt (Abb. 3) und verkürzt sich sehr schnell, um die Vorhand anzuheben. Dadurch entsteht letztlich die Schwebephase. Galopp ist außerdem die beste Gangart zur Stärkung der Bauchmuskeln, die für das Tragen des Rückens unverzichtbar sind.

Rückenbewegungen im Galopp

Im Galopp wird der Rücken am stärksten gebeugt und gestreckt. Wenn die Hinterbeine nahezu gleichzeitig unter den Körper treten, kippt das Becken durch die Beugung des Rückens und des Lumbosakralgelenks ab, sodass sich die Schrittlänge vergrößert.
Im Galopp:

- beugt und streckt sich der Rücken aktiv bei jedem Schritt,
- kontrahieren linke und rechte Strecker- und Beugerkette fast gleichzeitig,
- verkürzt sich die Bauchlinie bei jedem Schritt

RÜCKENVERSTEIFUNG

Manche Pferde galoppieren steif oder unwillig. Dahinter können fehlende Muskelkraft, Rücken- oder ISG-Schmerzen, ein Verhaltensproblem, ein unerfahrener Reiter oder unbequeme Ausrüstung stecken. Bei gleichzeitiger Lahmheit, Buckeln, Kreuzgalopp oder Unfähigkeit, im Galopp zu bleiben, sollten Sie professionellen Rat suchen. Wurde die Ursache identifiziert und beseitigt, können folgende Übungen helfen, den Rücken geschmeidiger zu machen:

- Variationen innerhalb der Gangart: vom Arbeitsgalopp zum Mittelgalopp und zurück,
- Rückwärtsrichten,
- Vorwärtsgalopp und Sprinttraining,
- Stangenarbeit im Galopp,
- Außengalopp,
- Seitengänge.

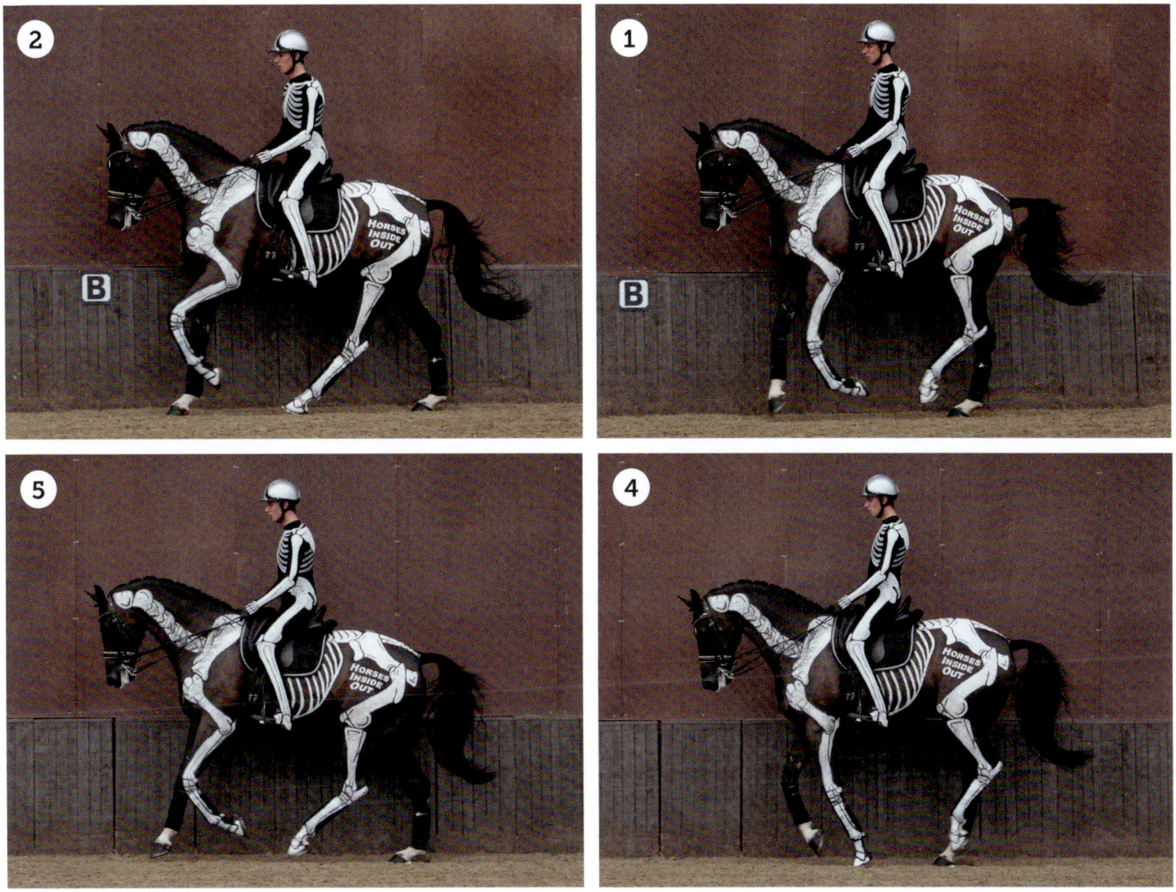

RECHTS *Damit Bauchmuskeln und Hinterhandprotraktoren sich kraftvoll zusammenziehen und das Pferd untertritt, muss die Schenkelhilfe während der Schwebephase gegeben werden. Da das Pferd asymmetrisch von hinten schiebt, entsteht eine leichte Rotation und Seitwärtsbiegung in Richtung des weiter vorne auffußenden Beins. Deshalb ist es wichtig, gleichmäßig auf beiden Händen zu galoppieren.*

Vorteile des Galopps

Der Galopp ist sehr nützlich zum:

- Aufwärmen und Lockern des Rückens,
- Konditionieren von Herzkreislauf- und Bewegungsapparat,
- Ermuntern zu positivem Vorwärtsgehen,
- Stärken und Tonisieren der Bauchmuskeln,
- Verbessern der Rückengeschmeidigkeit,
- Erhöhen der Muskelkraft und -leistung,
- Entwickeln von Begeisterung und Lebensfreude.

Galopparten

Es ist wichtig, dass Sie einen taktreinen, ausbalancierten Arbeitsgalopp etablieren, bevor Sie zu anspruchsvolleren Galopparten fortschreiten.

Versammelter Galopp

Versammelter Galopp zeichnet sich durch kürzere, federndere Schritte und stärkere Hankenbeugung aus. Dafür sind skelettale Reife und ein starker Kern nötig. Der Rahmen sollte verkürzt und der Hals aufgerichtet werden. Wenn die Hinterhand sich senkt, nimmt sie mehr Gewicht auf, daraus folgen verstärktes Untertreten, ein durchlässiger Rücken sowie Kraft und Leichtigkeit der Vorhand. Durch das größere Gewicht drücken sich die Hinterbeine nicht so weit nach hinten ab (Retraktion) und die Muskeln arbeiten stärker, um die Beugung in Rücken, LSG und Hinterhand aufrechtzuerhalten. Versammelter Galopp ist muskulär ermüdend für das Pferd und sollte nur für kurze Zeit geritten werden.

LINKS *Versammelter Galopp*

UNTEN *Gestreckter Galopp*

Gestreckter Galopp

Der gestreckte Galopp zeigt die größte Halsstreckung, Schrittlänge und Schnelligkeit. Die Schritte sollten lang, gleichmäßig und kraftvoll sein, mit weit nach hinten schwingenden Hinterbeinen. Das erfordert mehr Streckung in Rücken und LSG, Dehnung der Iliopsoasmuskeln sowie Beugung des Longissimus dorsi und der Glutealmuskeln. Diese Muskeln zu stärken fördert Kraft, Ausdruck und Beweglichkeit in allen Gangarten.

4. Renngalopp

Der Renngalopp ist ein gestreckter, asymmetrischer Viertakt mit einer kurzen Schwebephase. Ein Rennpferd kann um die 50 km/h Geschwindigkeit, eine Schrittlänge von 7–8 Metern und eine Schrittzahl von drei pro Sekunde erreichen. Da die Atmung mit den Galoppsprüngen gekoppelt ist, macht es bis zu 180 Atemzüge pro Minute. Im Renngalopp kontrahieren die Muskeln schneller als in jeder anderen Gangart, weshalb er sich gut eignet, um die Reaktionszeit von Muskeln und Nerven zu verbessern.

Biomechanik des Renngalopps

Kopf und Hals

Kopf und Hals sollten gestreckt sein und sich frei bewegen können. Das erhält den Schwung, öffnet die Atemwege für ein maximales Atemzugvolumen, ermöglicht ein dynamisches Gleichgewicht und erlaubt Veränderungen des Schwerpunkts.

Rücken und Hinterhand

Ungehinderte Streckung der Hüfte und maximale Schrittlänge katapultieren das Pferd vorwärts. Der Rücken streckt und beugt sich stärker als im Dreitaktgalopp. Das lässt manche Pferde fast wie Geparden aussehen.

Vorteile des Renngalopps

Jedes Pferd kann von Sprinttraining in irgendeiner Form profitieren.
Es eignet sich zum:

- Maximieren der Lungenkapazität und Verbessern der Herzkreislauf-Fitness,
- Verbessern der Koordination sowie der muskulären Reaktions- und Kontraktionszeit,
- Lockern von Hüfte und Wirbelgelenken,
- Tonisieren der Becken-, Rücken- und Bauchmuskeln,
- Steigern von Muskelkraft, -leistung und -fitness.

LINKS *Sprinttraining kann das Pferd ermuntern, mitzudenken und freudig vorwärts zu gehen, anstatt lustlos zu arbeiten.*

RECHTS *Falls kein geeignetes Gelände vorhanden ist, kann Intervall- und Sprinttraining im gestreckten Galopp auch auf dem Reitplatz stattfinden. Das kann für nervöse Pferde und Reiter besser geeignet sein.*

RISIKEN DES SPRINTTRAININGS

Beim Sprint wirkt auf jedes Bein mehr als das Dreifache des Körpergewichts. Das Verletzungsrisiko ist am größten, wenn die Kernmuskeln schwach sind, die Muskeln ermüden und die Belastung vom Bindegewebe aufgefangen werden muss. Um das Verletzungsrisiko zu minimieren:

- Sprinten Sie nur, wenn Pferd und Reiter fit sind, die Kontrolle behalten sowie im Gleichgewicht bleiben können.
- Achten Sie auf ausreichendes Aufwärmen.
- Sorgen Sie für ein sicheres Gelände mit geeignetem Untergrund.
- Beschränken Sie sich auf kurze, an Fitness und Kondition angepasste Zeitspannen.
- Arbeiten Sie nicht mit einem müden Pferd.
- Parieren Sie auf gerader Linie durch alle Gangarten durch, damit die Muskeln Zeit haben, sich anzupassen.
- Reiten Sie nach dem Normalisieren der Herzfrequenz noch mindestens 20 Minuten Schritt, damit Toxine mit dem Blut abtransportiert werden können.
- Halten Sie mindestens vier Tage Abstand zwischen den Sprinttrainings, damit sich die Muskeln erholen können.

ZUSAMMENFASSUNG

- Ein guter Schritt ist die Basis jedes Trainings.
- Schritt ist eine erschütterungsarme Gangart ohne Schwebephase.
- Im Schritt rotieren Brust- und Lendenwirbelsäule am stärksten.
- Die Schwebephase im Trab verstärkt die Dehnung und das Zurückfedern in den Muskeln sowie den Sehnen und Bändern der unteren Gliedmaßen.
- Im Trab wird der Rücken passiv gebeugt und gestreckt.
- Galopp ist eine asymmetrische Gangart mit Schwebephase.
- Thorakale Muskelschlinge und Bauchmuskeln lassen sich mithilfe des Galopps sehr gut stärken.
- Im Galopp wird der Rücken bei jedem Sprung aktiv gebeugt und gestreckt, was ihn geschmeidiger macht.
- Sprinttraining fördert Lungen- und Herz-Kreislauf-Fitness.

TEIL 2

Gesundheits-fördernd trainieren

Einige Anregungen zum Verbessern von Haltung, Gängen, Beweglichkeit, Kernstabilität und Gesundheit des Bewegungsapparats.

8 Position von Kopf und Hals

Für effiziente, taktreine, freie Bewegungen muss das Pferd seinen Kopf ohne Einengung in entspannter Haltung tragen dürfen. Zu verstehen, wie das Pferd Kopf und Hals positioniert, um über die Wirbelsäulenbänder seine Rückenhaltung zu verändern (siehe S. 36), ist wohl der wichtigste Faktor auf dem Weg zum ausbalancierten, ausgeglichenen Reitpferd. Es beeinflusst alle Aspekte der Bewegung und Leistung, sowohl physisch als auch psychisch.

Das Wissen um die Struktur und Funktion des Halses hilft uns, empathisch zu reiten und Übungen in für das jeweilige Alter, die Bemuskelung und den Trainingsstand passender Kopfhaltung zu wählen.

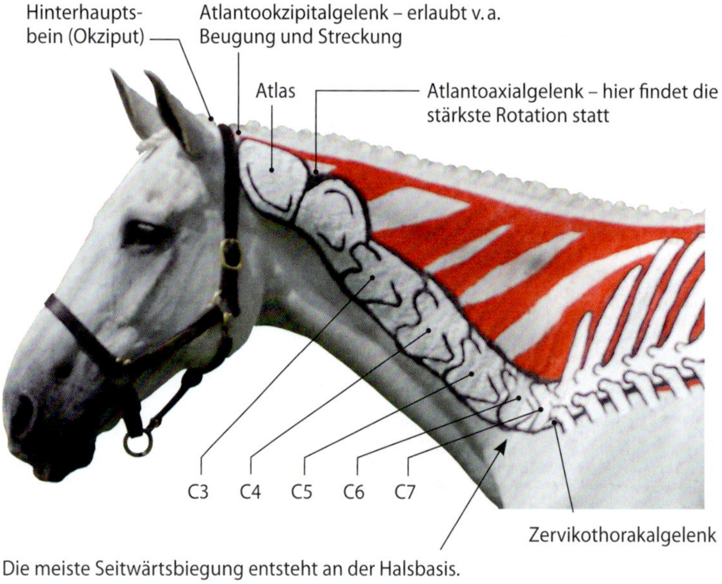

Einfluss der Kopf-Hals-Haltung auf das Gleichgewicht

Da der Kopf ein Gewicht am Ende eines langen Hebels ist, beeinflusst die Halshaltung den Schwerpunkt. Im Trab und Galopp, beim Beschleunigen und Springen verlagert er sich nach vorne, in der Versammlung nach hinten. Für die optimale Leistung sollten Pferd und Reiter perfekt im Gleichgewicht sein, mit dem Reitergewicht direkt über dem Schwerpunkt des Pferdes.

1. Streckt sich das Pferd nach vorne, wandert der Schwerpunkt nach vorne. 2. Hebt das Pferd den Kopf, wandert der Schwerpunkt nach hinten. 3. Wird der Kopf gesenkt und mehr Gewicht von der Vorhand getragen, bewegt sich der Schwerpunkt nach vorne. 4. Im Flug den Kopf zu senken, hebt den Schwerpunkt und hilft dem Pferd, das Hindernis zu überwinden. 5. Bewegen sich Kopf, Hals, Schultern oder Kruppe zur Seite, verlagert sich auch der Schwerpunkt auf diese Seite. 6. Dieses Pferd nutzt Kopf und Hals wie ein „fünftes Bein", um sein Gleichgewicht wiederzuerlangen.

Einfluss der Kopf-Hals-Haltung auf die Hinterhand

Die Hüfte kann im starken Galopp oder beim Absprung am Hindernis nur dann ungehindert gestreckt werden, wenn die Reiterhand nach vorne geht, sodass sich Kopf und Hals des Pferdes nach vorne strecken können. Die Hüftstreckung ist auch in Dressurprüfungen wichtig für Ausdruck, Schwung und Schrittlänge.

Eine verkürzte Halshaltung schränkt die Hüftstreckung ein. Das beeinträchtigt die Leistung bei Dressurlektionen mit Schrittverlängerung, macht den starken Galopp langsamer und behindert das Verlängern des Rahmens beim Springen.

Ist der Kopf oben, wird die Hinterhand „hinterherlaufen".

RECHTS *Kopf und Hals sind vorwärts gestreckt.*

UNTEN LINKS *Der Hals ist verkürzt.*

UNTEN RECHTS *Der Kopf ist oben.*

Einfluss der Kopf-Hals-Haltung auf die Vorhand

Hebt sich der Kopf, strecken sich die Vorderbeine. Das ist in manchen Situationen von Vorteil, in anderen jedoch nachteilig. Beispielsweise behindert es in Dressurlektionen das Heben und den Ausdruck der Vorhand.

LINKS UND OBEN *Hebt sich der Kopf, strecken sich die Vorderbeine.*

OBEN *Der Zusammenhang zwischen Halsbeugung und Beugung der Vorderbeine ist bei diesem Pferd in der Bascule über dem Sprung zu sehen. Die tiefe Kopfhaltung erlaubt dem Pferd, Halsansatz und Widerrist zu heben und die Schultern freier zu bewegen.*

Einfluss der Kopf-Hals-Haltung auf die Atmung

Für maximale Effizienz müssen die Atemwege frei und offen sein. Jede durch die Reiterhand oder Hilfszügel hervorgerufene künstliche Halshaltung führt zur Einengung und erschwert dem Pferd das Atmen. Dies beim Training zu berücksichtigen, ist besonders wichtig für Pferde mit Erkrankungen der oberen Atemwege. Eine aufgezwungene Krümmung im Kehlkopfbereich erhöht den Widerstand, da der Kehlkopf komprimiert und die Luftröhre gebogen wird. Bei extremer Überbeugung kann das Pferd Mühe haben Luft zu holen, ein „Ton“ zu hören ist, da die Stimmbänder vibrieren, oder sich dem Reiter entziehen, indem es den Kopf senkt oder sich hinter das Gebiss verkriecht. Mit dem Kinn auf der Brust könnten wir auch keinen Marathon laufen!

Bei gestrecktem Hals ist der Kehlkopfdurchmesser am größten und das maximale Luftvolumen kann hindurchströmen.

Der Kehlkopfdurchmesser verringert sich, wenn der Hals gebeugt wird. Der von manchen Spring- und Dressurreitern als nötig erachtete Grad an Beugung reduziert den Luftstrom.

Einfluss der Kopf-Hals-Haltung auf das Sehen

Zum Fokussieren muss das Pferd den Kopf bewegen. Monokulares Sehen erlaubt ihm, auf jedem Auge unterschiedliche Dinge zu sehen. Binokulares Sehen ist nötig, um Entfernungen abzuschätzen.

OBEN *Um einen Gegenstand in der Ferne zu fokussieren, hebt das Pferd den Kopf. Wenn es sich einem Sprung nähert, muss es den Kopf heben, um Höhe und Tiefe einschätzen zu können.*

UNTEN *Wird ein Pferd überbeugt, ist sein Sichtfeld auf den Boden gerichtet (oder sogar nach hinten Richtung Hufe) und stark eingeengt. Ohne Blickmöglichkeit nach vorne, mit einem blinden Fleck vor sich, muss das Pferd völlig auf den Reiter vertrauen. Dieses Pferd wird auch Schwierigkeiten beim Atmen haben, da seine Luftröhre stark eingeengt ist.*

Einfluss der Kopf-Hals-Haltung auf das Verhalten

Bei Mensch und Pferd beeinflusst der Körper die Psyche, sodass Laune und Leistung von der körperlichen Verfassung abhängen. Die Körpersprache und die Kopfhaltung geben gute Hinweise auf das Verhalten. Ein aufgeregtes, angespanntes Pferd in Kampf-oder-Flucht-Pose trägt den Kopf hoch, während ein entspanntes, sich körperlich und mental wohlfühlendes Pferd den Kopf tiefer trägt, sich entspannt bewegt und angenehmer im Umgang ist.

OBEN *Aufgeregte/angespannte Haltung*

UNTEN *Entspannte Haltung*

Vorwärts-Abwärts-Haltung

In der tiefen Kopfhaltung

- hilft der Zug am Nackenband über das Dornfortsatzband, den Rücken zu tragen,
- sind die Abstände zwischen den Dornfortsätzen größer und die Brust-Lenden-Wirbelsäule ist stärker gebeugt, sodass sie das Reitergewicht leichter tragen kann,
- entstehen mehr Rotation und Seitwärtsbiegung im hinteren Brust- und im Lendenbereich,
- ist das ungehinderte Durchziehen der Spinalnerven durch den Wirbelkanal möglich,
- werden die Muskeln der thorakalen Muskelschlinge vermehrt rekrutiert und die Muskeln am zervikothorakalen Übergang, die den Halsansatz heben und die Vorhand tragen, werden gestärkt,
- können Rückenprobleme gelindert, oder in manchen Fällen verhindert werden. Es ist eine sehr nützliche, schmerzlindernde Haltung vor allem für ältere Pferde oder solche mit Kissing Spines und anderen Rückenproblemen.
- werden die Bauchmuskeln vermehrt eingesetzt,
- wird die mentale Entspannung gefördert.

UNTEN RECHTS *Ein Pferd mit nach vorne gesenktem Hals zu reiten, bringt mehr Gewicht auf die Gelenke, Sehnen und Bänder der Vorhand. Gerade wenn das Pferd ohnehin eher auf der Vorhand läuft, sich gern auf das Gebiss legt, körperliche Schwächen oder eine alte Verletzung hat, ist es wichtig, nicht zu lange in dieser Haltung zu arbeiten und das Pferd zu ermuntern, mehr Gewicht auf die Hinterhand zu bringen, indem man es auffordert, stärker von hinten zu schieben.*

OBEN UND UNTEN *Da die Haltung von Kopf und Hals den Rücken und damit die gesamte Haltung beeinflusst, sollte jedes Training, gleich ob unter dem Reiter oder an der Longe, in Vorwärts-Abwärts-Haltung begonnen werden. Davon profitieren alle Pferde, besonders junge oder schwache.*

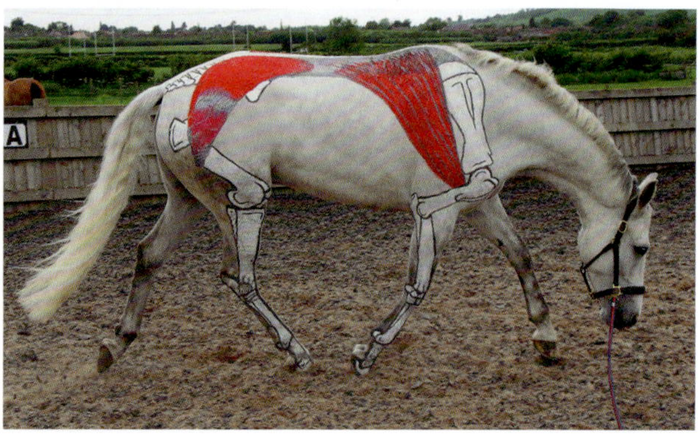

Aufrichtung

Arbeitet das Pferd entspannt über den Rücken, ist es Zeit, es kraftvoller arbeiten zu lassen, die Anlehnung aufzunehmen, die Hinterhand stärker untertreten zu lassen und den Halsansatz aufzurichten. Die an das Alter und den Ausbildungsstand angepasste Aufrichtung (im Bild unten ein siebenjähriges A-Dressurpferd) sollte entspannt und losgelassen beibehalten werden können.
Werden Hals und Kopf aufgerichtet,

- sollte die Nase in oder leicht vor der Senkrechten liegen,
- ist mehr isometrische und exzentrische Muskelarbeit nötig, um Kopf und Hals zu halten,
- kontrahieren Splenius und Oberlinienmuskeln isometrisch, um die Halsbeugung zu halten,

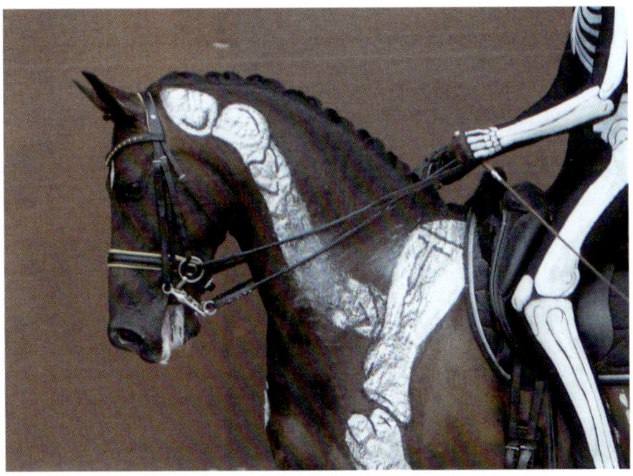

- ist die Halsbasis aufgerichtet, sodass die Muskeln der thorakalen Muskelschlinge sich verkürzen, um eine stabile Basis für ausdrucksvolle Vorhandbewegungen zu bilden,
- wird das Lumbosakralgelenk stärker gebeugt, die Hinterhand tritt weiter unter und nimmt mehr Gewicht auf.

Die Aufrichtung zu erreichen oder aufrechtzuerhalten erfordert,

- Geduld, da sie schrittweise erarbeitet werden muss,
- Vorbereitung der Muskeln in Vorwärts-Abwärts-Haltung vor jeder Übungseinheit,
- Schwung, Untertreten der Hinterhand und Geraderichtung,
- einen aufrechten Sitz, der die Vorhand entlastet,
- ein Verlagern des Schwerpunkts nach hinten, durch Kräftigung der Hinterhand-, Rücken- und Halsmuskeln,
- Arbeiten von hinten, mithilfe versammelnder Übungen wie Übergänge und Rückwärtsrichten,
- Phasen, in denen das Pferd sich strecken kann, um Muskelverspannungen zu lösen.

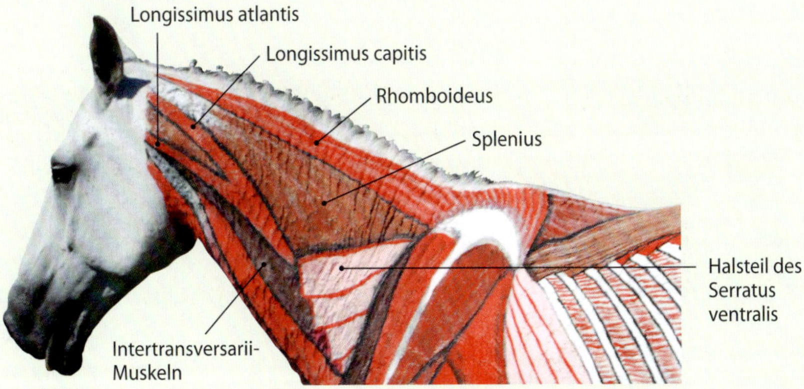

Geht das Pferd in Aufrichtung, arbeiten die Halsstrecker (links) isometrisch und exzentrisch, um die Beugung zu halten.

Am Gebiss

Das Pferd geht korrekt am Gebiss, wenn es sich selbst trägt, ohne sich auf die Hand des Reiters zu legen und seine Nase leicht vor der Senkrechten ist. Um dies zu erreichen, müssen seine Muskeln stark genug sein, seinen Kopf zu tragen, und es muss gleichmäßig von hinten schieben. Ein korrekt bemuskelter, schön gewölbt aufgerichteter Hals ist eines der höchsten Trainingsziele. In der Praxis sieht man jedoch viele unerwünschte Halshaltungen.

Über dem Gebiss

Geht das Pferd über dem Gebiss, mit hochgerecktem Kopf und durchgedrücktem Rücken, werden die Muskeln und Bänder belastet. Die Dornfortsätze beginnen möglicherweise, sich zu berühren. Diese Haltung kann durch unkorrektes Reiten oder einen tief angesetzten Hals entstehen. Dabei kann das Pferd seine Schulter nicht heben und wird Schwierigkeiten haben, eine positive Verbindung von der Hinterhand bis zur Reiterhand zu halten. Nicht jedes Pferd hat einen optimalen Körperbau, doch konsequentes Arbeiten von hinten nach vorne hilft ihm dabei, Muskeln aufzubauen und seine bestmögliche Leistung zu zeigen.

Über dem Gebiss, mit hochgestrecktem Hals und Hohlkreuz

Unterhals

Ein Unterhals ist ein Zeichen für falsches Reiten, Verspannung und Widerstand. Man sieht ihn oft bei Pferden, die schwere Lasten ziehen oder auf der Vorhand gehen, statt von hinten zu schieben. Eine konkave Haltung blockiert den Hals, verhindert die Seitwärtsbiegung und führt zu einer Abwärtsspirale aus schlechten Bewegungen, Widerstand, Konzentrationsmangel, noch mehr falscher Muskelentwicklung und Verspannung.

OBEN *Überentwickelte Muskeln an der Halsunterseite – Unterhals*

Hoch und überdehnt

Obwohl das Pferd oben auf Seite 109 seine Nase in der Senkrechten hat und das Genick der höchste Punkt ist, knickt es am Halsansatz ein und zeigt eine übertriebene S-Kurve der Halswirbel. Diese Verkürzung führt dazu, dass die oberen Halswirbel konvex nach oben gebeugt werden, während die unteren Halswirbel eine konkave Kurve beschreiben. Dies kann die Atemwege einengen, die Brustwirbelsäule belasten und versteifen sowie Verspannung in der gesamten Oberlinie auslösen. Ein korrektes Arbeiten über den Rücken wird so unmöglich.

Hohe, überdehnte Halshaltung

Hinter dem Gebiss

Das Pferd im unteren Bild wird falsch geritten. Der Reiter zieht den Kopf heran, statt eine schwungvoll untertretende Hinterhand zu fördern. Ein Pferd, das ständig so geritten wird, hat Schwierigkeiten, die Vorhand zu heben. Es ist ein Problem, das sich nur schwer überwinden lässt.

Aufgerollter Hals

Die in dieser Position auftretenden Hebelkräfte sind oft schmerzhaft für das Pferd und bedeuten eine inakzeptable Belastung für das kleine Atlantookzipitalgelenk. Jede Störung der Mechanik dieses Gelenks kann die Haltung der gesamten Wirbelsäule beeinflussen. Unsensible Reiter wenden diese Position an, um völlige Unterwerfung des Pferdes zu erreichen. Zu den Nachteilen gehören:

- Spannung, Belastung und mögliche Verletzung des Nackenbands, vor allem im oberen Halswirbelbereich,
- stark eingeengte Luftröhre,
- Quetschung der weichen Gewebestrukturen an der Halsunterseite,
- Druck auf den Laden,
- eingeschränkte Zungendurchblutung,
- übermäßiges Rekrutieren und Verkürzung von Scalenus, Longus colli, Brachiocephalicus, Sternomandibularis sowie eines Teils der thorakalen Muskelschlinge,
- verengte Zwischenwirbellöcher, durch welche die Spinalnerven den Wirbelkanal verlassen, dadurch möglicherweise beeinträchtigte neuromuskuläre Kontrolle,
- weniger Gewicht auf der Hinterhand und mehr auf der Vorhand,
- Verhindern echter Versammlung, da das Untertreten erschwert wird, sodass die Hinterhand hinterherläuft,
- verringerte Protraktion der Hinterhand,
- Sehfeldeinschränkung.

RECHTS *Ein Westernpferd mit aufgerolltem Hals (Hyperflexion). Die Hebelwirkung in dieser Position ist für das Pferd oft schmerzhaft und bedeutet eine inakzeptable Belastung für das kleine Atlantookzipitalgelenk.*

ANATOMISCHE AUSWIRKUNGEN DES AUFROLLENS

Das Nackenband hat seine Hauptansatzpunkte am Hinterhaupt und am zweiten Halswirbel. Das Pferd in extrem aufgerollter Haltung zu reiten belastet Axis, Atlas und Hinterhaupt und erhöht das Verletzungsrisiko am Nackenband in dieser Region. In der überbeugten Position blockieren Kiefer-, Antlantookzipital- und Atlantoaxialgelenk häufig und agieren als Einheit. Seitliche Biegung des Genicks wird erschwert und das Pferd versucht, dies über die Biegung der weniger beweglichen mittleren Halsregion zu kompensieren. Da Nacken- und Dornfortsatzband miteinander verbunden sind, wird die gesamte dorsale Kette in Mitleidenschaft gezogen und ein Ungleichgewicht entsteht, das Haltung, Untertreten und die gesamte Leistung beeinträchtigt.

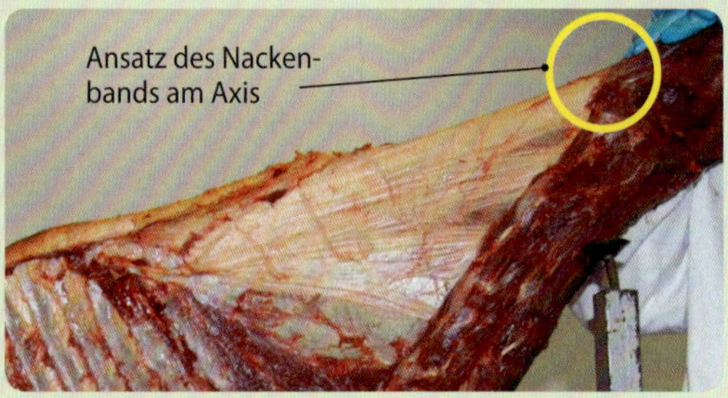

Unerwünschte Kopf-Hals-Haltungen vermeiden oder korrigieren

Um Verspannungen im Hals zu reduzieren und unerwünschte Halshaltungen zu korrigieren, müssen Sie:

- ruhig, mit weicher Hand und sanfter, gleichmäßiger Anlehnung reiten,
- regelmäßig in Vorwärts-Abwärts-Haltung reiten,
- das Pferd ermutigen, die Vorhand durch eine weit untertretende Hinterhand zu entlasten,
- fleißig vorwärts reiten, auch am langen Zügel, damit das Pferd immer vor dem Reiterschenkel geht,
- Übungen zur seitlichen Biegung inklusive Halsbiegung nutzen, um die Geschmeidigkeit in der Längsachse und die Rittigkeit zu fördern.

„Hilfszügel" sind kein Ersatz für langsames, sensibles, korrektes Training.

- den weiter vorne beschriebenen Schritten folgen, um die Aufrichtung zu entwickeln
- Übungen wie Rückwärtsrichten und Seitengänge nutzen, um die thorakale Muskelschlinge zu kräftigen
- Galopp- und Sprinttraining nutzen, um das Pferd zur Halsstreckung zu ermuntern

ZUSAMMENFASSUNG

- Die Biomechanik des Halses zu verstehen hilft uns, einfühlsamer zu trainieren und die passende Haltung sowie passende Übungen für das jeweilige Alter, die Muskelkondition und den Trainingsstand auszuwählen.
- Für die optimale Leistung müssen Pferd und Reiter perfekt im Gleichgewicht sein.
- Jedes Training sollte zu Beginn, am Ende und zwischendurch Arbeit in Vorwärts-Abwärts-Haltung beinhalten.
- Um den für Alter und Ausbildungsstand passenden Rahmen zu erreichen, müssen die Muskeln ausreichend konditioniert und stark genug sein, um das Gewicht von Kopf, Hals und Reiter zu tragen sowie gleichmäßig von hinten zu schieben.

9 Gelände

Als Trainer unseres Pferdes müssen wir ihm eine große Bandbreite an Geländearten bieten. Das können natürliche sein, wie Wiesen, Hügel, Wege, Strand, Watt und Wasser, oder künstliche, wie die verschiedensten Reitplatz- und Führkarusselböden, Asphalt, Pflaster sowie Unterwasserlaufbänder. Ein zu harter Untergrund setzt das Pferd einem höheren Risiko für erschütterungsbedingte Verletzungen aus, während ein sehr weicher, tiefer Boden ermüdet und die Sehnen und Bänder belastet. Pferde, die immer auf demselben Untergrund gearbeitet werden, sind weniger widerstandsfähig und verletzen sich auf einem fremden Untergrund oder in einer ungewohnten Situation leichter.

RECHTS *Pferde, die eine große Bandbreite an Untergründen kennen, sind trittsicherer und haben eine bessere Propriozeption sowie neuromuskuläre Kontrolle.*

Harter Untergrund

Ein harter Boden absorbiert sehr wenig Energie, vergrößert die Erschütterungskräfte und verkürzt Schwungphase und Schrittlänge. Pferde können auf hartem Boden zwar schneller galoppieren, doch das Verletzungsrisiko für Knochen, Knorpel und Gelenke könnte steigen. Schritt und kurze Trabphasen auf hartem Untergrund verbessern jedoch die Knochendichte.

Weicher Untergrund

Ein lockerer, tiefer Boden reduziert die Erschütterungskräfte auf ein vernachlässigbares Maß. Er dämpft allerdings auch das Zurückschnellen der Sehnen, sodass die Muskeln mehr arbeiten müssen und mehr Energie benötigen. Das Risiko für Muskelkater, Mikrotraumen und Verletzungen der Muskulatur sowie die Belastung von Sehnen und Bändern steigt.

Harter Untergrund vergrößert die Erschütterungskräfte.

Trockener, sandiger Untergrund reduziert Erschütterungskräfte.

HALLENBODEN

Es gibt eine große Bandbreite an Hallenböden, mit verschiedenen Eigenschaften und Vorteilen. Idealerweise sollte der Boden ein leichtes Eindringen beim Auftreten und Aufstützen ermöglichen, Energie absorbieren und beim Abdrücken federn sowie Stabilität geben. Wer seine eigene Halle baut, kann unter vielen rutschfesten, dämpfenden Materialien wählen. Die meisten Reiter müssen jedoch mit dem Untergrund auskommen, der ihnen durch ihre räumliche und finanzielle Lage zur Verfügung wird.

Steigungen

Arbeit an Steigungen ist ideal zum Aufbau von Herz-Kreislauf-Fitness, Ausdauer und der für alle Reitsportarten benötigten Kraft. In hügeligem Gelände aufgewachsene oder weidende Pferde neigen zu einer kräftigeren Hinterhand, besserer Balance und besserer Propriozeption als Pferde, die im flachen Gelände gehalten werden. Konsequentes Arbeiten an Steigungen ist ein Ganzkörpertraining, das Oberlinie, Balance, Koordination und Kraft im unteren Bein verbessert.

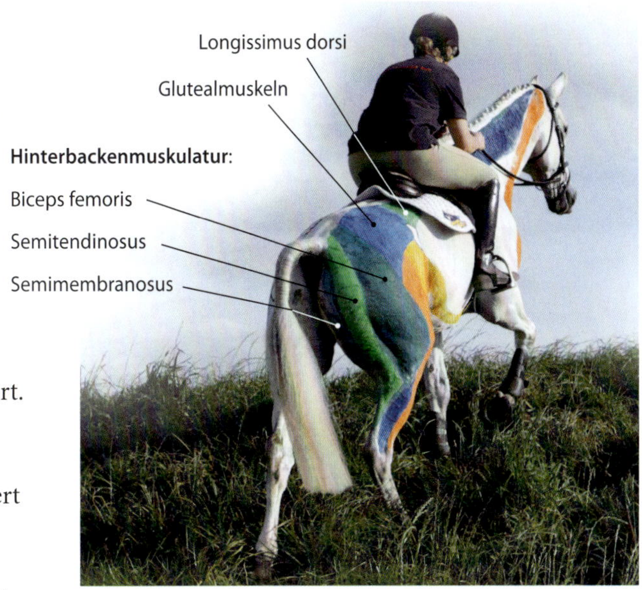

Bergauf

Schritt oder Trab bergauf kräftigt und konditioniert Hinterbacken-, Gluteal- und Rückenmuskeln, für mehr Schubkraft im flachen Gelände oder beim Springen. Im Trab wird die Schulter mehr geöffnet, als Vorbereitung für Mittel- und starken Trab und er ist gut zum Verbessern der Geraderichtung sowie zum symmetrischen Muskelaufbau. Der Bergaufgalopp, bei dem sich beide Hinterbeine gleichzeitig abstoßen, fördert Sprungkraft und Schnellkraft. Damit Herzkreislauf, Muskeln, Sehnen, Bänder und Gelenke ohne Überlastung konditioniert werden, sollte die Trainingsintensität (Grad der Steigung, Geschwindigkeit und Häufigkeit) schrittweise gesteigert werden.

Quergefälle

Quer an einem Hang zu reiten, trägt zu mehr Selbstvertrauen und Koordination bei und ist ein effektives Training für thorakale Muskelschlinge, Adduktoren und Abduktoren. Schlangenlinien und Seitengänge quer zum Hang, hinauf oder hinunter zu reiten, fördert stärkere exzentrische Muskelkontraktion, Ausdruck in Seitengängen, Stabilität, Balance und Propriozeption.

Ein zu steiler Winkel überansprucht jedoch die Seitenbänder der unteren Beingelenke, da sie starken Torsions- und Scherkräften ausgesetzt werden. Quergefälle sollte vermieden werden, wenn das Pferd Probleme mit den Bändern der unteren Beingelenke hat.

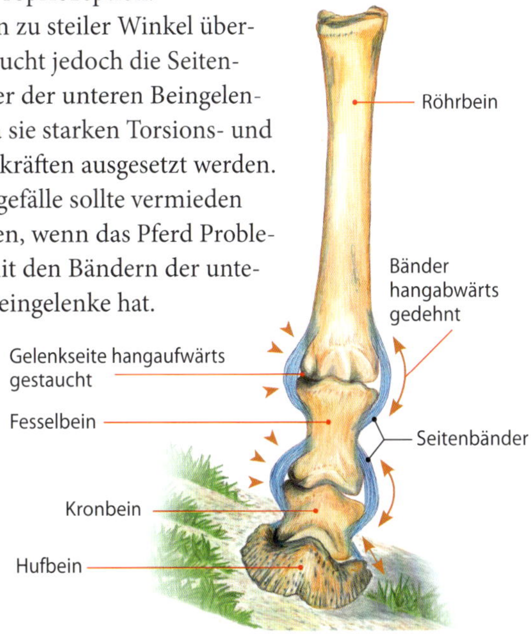

Bergab

Auch das Bergabreiten hat seine Vorteile. Das Abbremsen erfordert stärkere exzentrische und konzentrische Muskelkontraktionen. Die thorakale Muskelschlinge muss kräftig arbeiten, um den Rumpf zu tragen und das Gewicht von Pferd und Reiter am Abhang zu kontrollieren. Die dadurch steigende Muskelkraft fördert Leichtigkeit und Ausdruck der Vorhand. Auch die Hinterhand wird gekräftigt, da sie zum Bremsen und Ausbalancieren stärker untertreten muss und mehr gebeugt wird.

Übergänge aus dem Trab zum Schritt und zum Halten bergab trainieren Balance und Kernstabilität. Das Ziel ist ein sanfter Übergang, bei dem Rahmen, Anlehnung, Balance und Kontrolle erhaltenbleiben und das Pferd sich selbst trägt. Langsam bergab zu traben, baut die für das Springen und eine ausdrucksvolle Hinterhand nötige Kraft auf.

RECHTS *Dieses Bild soll zeigen, welche zusätzliche Belastung ein steiler Abhang für Vorhand, Wirbel, Dornfortsätze und Bandscheiben bedeutet. Hals- und Brustwirbelsäule werden stärker gestreckt. Pferde mit Beschwerden an Vorderbeinen oder -hufen werden kleinere, vorsichtigere Schritte machen, während solche mit Beschwerden oder Schwächen der Hinterhand vielleicht nur widerwillig bergab gehen, die Hinterhufe schleifen lassen oder hinten bügeln. Um diese Effekte zu lindern und beim Gleichgewichthalten zu helfen, sollten Sie bergab entweder absteigen oder Kopf und Hals völlig freigeben.*

Wasser

Das Training im Wasser hat viele Vorteile. Es bietet dem Pferd ganz andere Erfahrungen und fördert häufig Energie und Eifer. Es ist gut für das Training der Propriozeption, für das Vielseitigkeitstraining und zum therapeutischen Kühlen der Beine.

RECHTS *Das Reiten im flachen Wasser ermuntert das Pferd, seine Beine zu heben. Dies stärkt die Muskeln während der Schwungphase und hat einen ähnlichen Effekt wie Cavaletti-Arbeit. Denken Sie daran, dass der Boden unter dem Wasser uneben sein kann!*

UNTEN *Das Heben der Beine beim Trab im Wasser trainiert die für Ausdruck, Schub und Kadenz wichtigen Muskeln. Pferde senken oft ihren Kopf, um sich das Wasser anzusehen. Der zusätzliche Kraftaufwand im Wasser fördert eine gute Haltung durch die Rekrutierung von Bauch- und Kernmuskeln.*

RECHTS *Tieferes Wasser bietet mehr Widerstand und dadurch noch mehr Krafttraining für die Muskeln. Die Protraktoren (S. 120), die mit für ausdrucksvolle Bewegungen sorgen, müssen im tiefen Wasser besonders arbeiten.*

ZUSAMMENFASSUNG

- Pferde profitieren von häufig wechselnden Untergründen.
- Harter Boden erhöht die Erschütterungskräfte und verringert die Schrittlänge.
- Arbeit an Steigungen fördert Herz-Kreislauf-Fitness, Ausdauer und Kraft.
- Arbeit im Wasser kühlt die Beine und da das Pferd die Beine mehr hebt, stärkt es Bauch- und Kernmuskeln.

10 Versammelnde Übungen

Der Weg zur Versammlung

Der Weg zur Versammlung beginnt, sobald wir mit dem Pferd umgehen. Wirkliche Versammlung erfordert Balance, Schwung, skelettale Reife, korrekte Haltung und gut trainierte Muskeln. Sie bildet die Spitze der Ausbildungsskala aus Takt, Losgelassenheit, Anlehnung, Schwung und Geraderichten. Das Pferd muss seine Gelenke beugen, mehr Gewicht auf die gesenkte Hinterhand bringen und gleichzeitig den Rahmen verkürzen sowie die Vorhand heben. Es ist ein schrittweiser Prozess, der Zeit, Geduld und jahrelange Konditionierung des Bewegungsapparats erfordert. Da Pferd und Reiter ständig lernen und sich entwickeln, ist es ein Weg, der niemals endet. Mit jedem Meilenstein, den das Pferd erreicht, verändern sich die Anforderungen und es gibt immer Raum für Verbesserungen. Je weiter wir auf dem Weg kommen, desto anspruchsvoller werden die Aufgaben und desto länger dauert es, sie zu erreichen.

Wie sich das Pferd versammelt

Der Grad der Versammlung ist abhängig von Alter, Ausbildungsstand und Kraft. Die Bilder zeigen zwei Pferde, die an der Versammlung arbeiten – rechts ein Anfänger und unten ein weiter fortgeschrittenes Pferd.

Bewegt sich der Schwerpunkt in der Versammlung nach hinten, verkürzen sich die Schritte, da die Hinterhand weniger retrahiert. Sie senkt sich, um mehr Gewicht aufzunehmen, indem sich die Gelenke der Hinterhand und idealerweise des Rückens inklusive des LSG stärker beugen. Es ist diese Hankenbeugung, die die Sprungkraft liefert.

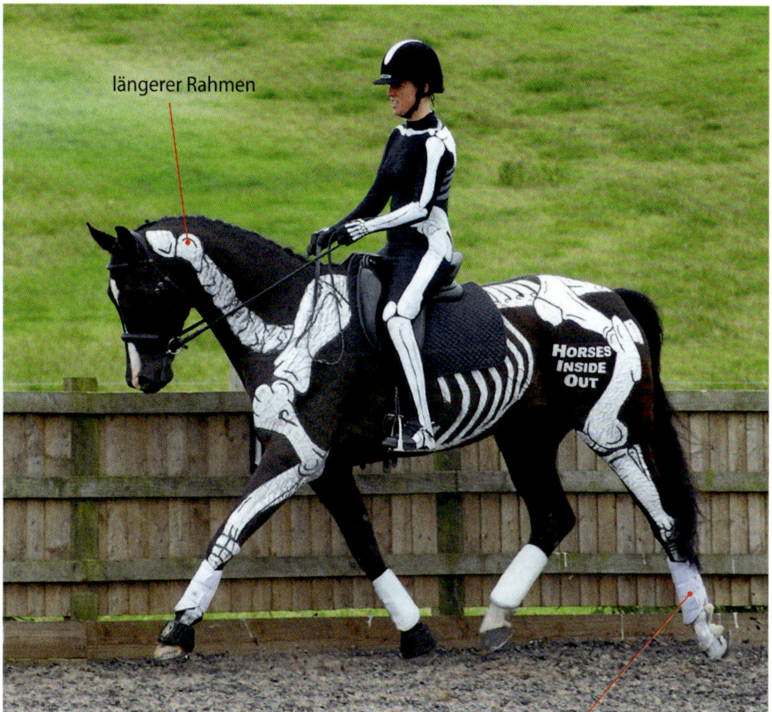

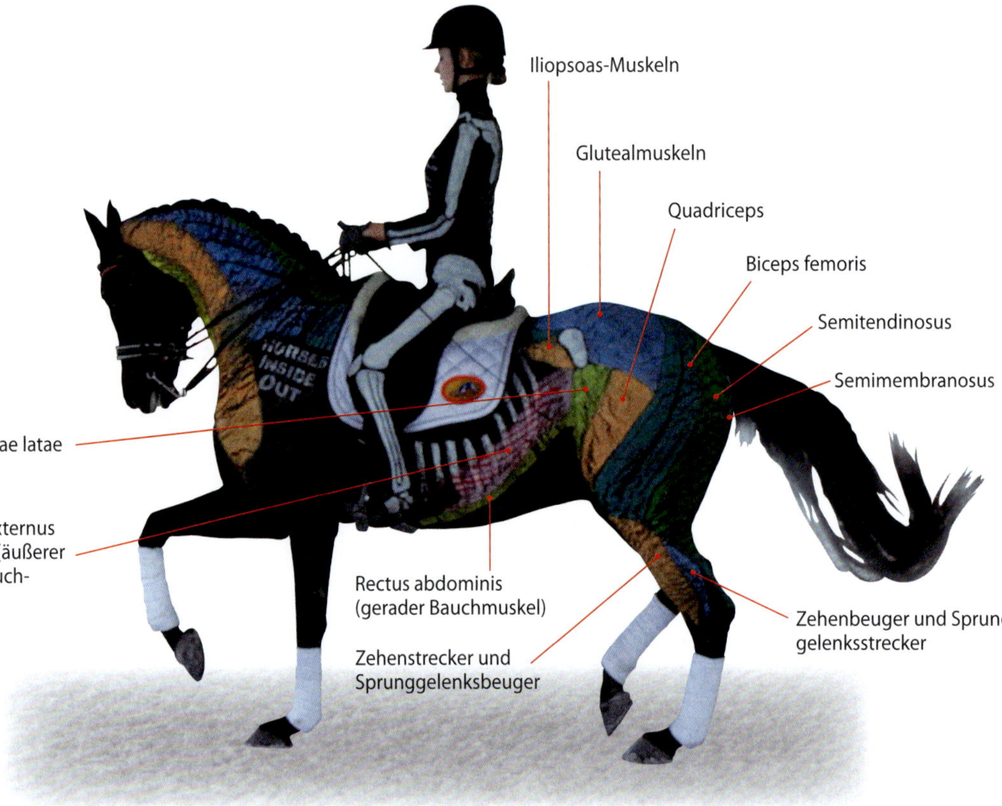

Die Hankenbeugung erfordert ein hohes Maß an exzentrischer und isometrischer Kontraktion, vor allem in der Streckerkette. Der Rücken wird von gut trainierten Kernmuskeln getragen, von denen die Bauchmuskeln, vor allem der gerade und der äußere schiefe Bauchmuskel, die Eingeweide nach oben drücken. Das trägt zur guten Haltung während der Arbeit bei. Wenn hinten mehr Gewicht aufgenommen wird, wird die Vorhand leichter, der Halsansatz retrahiert und Kopf und Hals werden höher getragen. Das macht die Vorhand noch leichter. Das Pferd fühlt sich an, als würde es bergauf gehen und es entwickelt eine freiere, ausdrucksvollere Vorhand. Das zwölfjährige Pferd auf diesem Bild hat die nötige Muskelkraft für Bewegungen in Versammlung mit aktiver Hinterhand.

Versammlung zu erreichen, indem man vorne „zieht", ist unmöglich. Ein Pferd, dem die Kraft für die Rahmenverkürzung fehlt, ist anfälliger für Muskel- und Bänderschäden. Es kann zum Beispiel Widerstand leisten, indem es mit dem Schweif schlägt, den Rücken wegdrückt oder sich dem Gebiss entzieht.

Diese Zeichnung zeigt ein korrekt trainiertes Pferd, das gut über den Rücken arbeitet, in guter Haltung und mit korrekt arbeitender Hinterhand.

Diese Zeichnung zeigt ein Pferd, dem die nötige Kraft für die Hankenbeugung fehlt. Es kann seinen Rücken nicht korrekt tragen und ist verletzungsanfälliger.

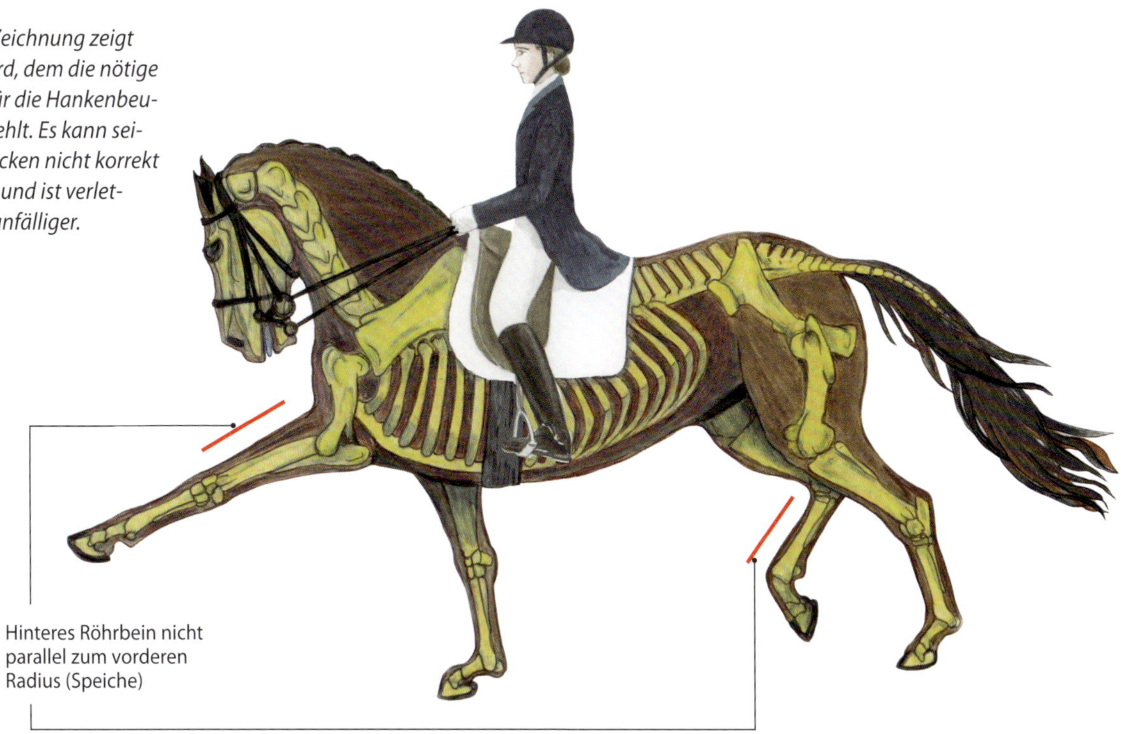

Versammlung entwickeln

Dieser Trainingsanfänger zeigt, wie weit nach vorne schwingende, gleichmäßig von hinten schiebende Hinterbeine eine positive Zugkraft von den Glutealmuskeln durch die Rückenfaszie und den Latissimus dorsi entwickeln, durch die das gleichseitige Vorderbein sich hebt. Dieses korrekte Arbeiten ebnet den Weg zur ausdrucksvollen Vorhand, wenn das Pferd in seiner Ausbildung voranschreitet.

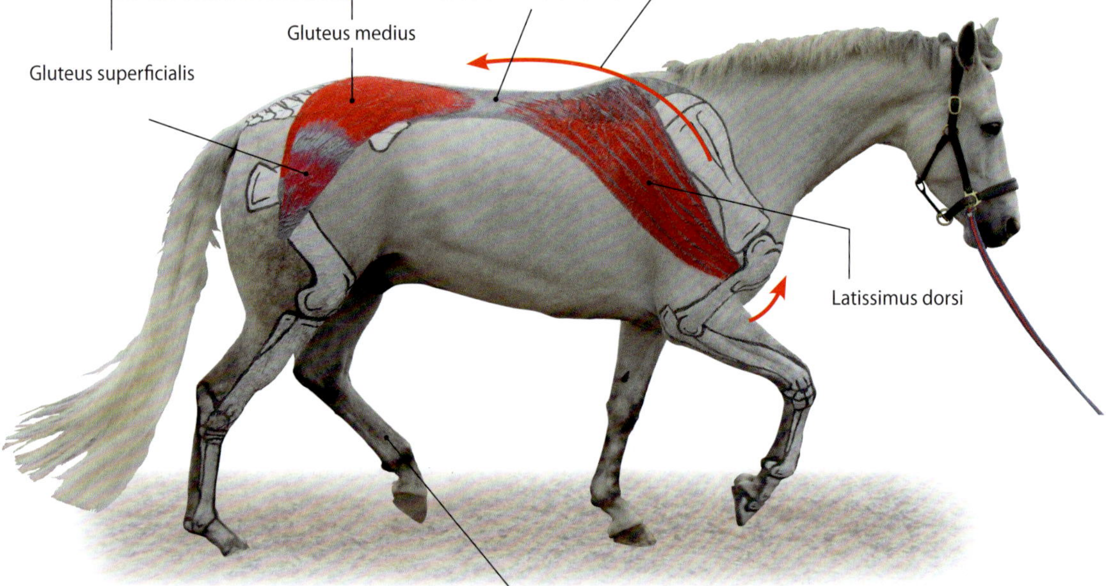

DIE THEORIE ANWENDEN

Der Weg zur Versammlung beginnt schon beim Einreiten. Um die Leistung zu verbessern, Verletzungsrisiken zu vermeiden, Zufriedenheit zu finden und Pferd wie Reiter ihr volles Potenzial entwickeln zu lassen, müssen die in Teil 1 dargestellten Prinzipien der Anatomie wirklich verstanden und angewendet werden. Der Reiter muss den Rahmen des Pferdes runden, Schwung entwickeln, die Hinterhand aktivieren und die Vorhand leicht werden lassen, indem die Hinterhand mehr Gewicht aufnimmt. Dafür muss der Reiter aufrecht sitzen, eine leichte Hand entwickeln und den Schenkelkontakt minimieren. So entsteht das Gefühl, „bergauf" zu reiten. Ein guter Trainer hilft, realistische Ziele zu setzen, die in harmonischer Zusammenarbeit mit dem Pferd zu erreichen sind. Echte Versammlung ist das Ergebnis von Zeit, Geduld und jahrelangem Training des Bewegungsapparats. Indem er rückwärtsrichtet, Übergänge und Biegungen sowie im Kontergalopp reitet, macht sich der Reiter auf den Weg zu wirklicher Versammlung. Das Geheimnis des Erfolgs ist, jede Ausbildungsstufe zu festigen und sich über das Erreichte zu freuen, bevor man die nächste Stufe erklimmt.

Piaffe

Die Piaffe ist eine fortgeschrittene versammelnde Übung, bei der zur Hankenbeugung die Rotation in Becken und Thorakolumbalregion hinzukommt, wenn die Kruppe sich abwechselnd auf der Seite hebt, auf der das Gewicht lastet. Die Vorderbeingelenke werden gebeugt, während das Pferd leicht, beweglich, frei und ruhig bleibt. Der Rücken sollte sich runden und das Pferd sollte einen gleichmäßigen, beständigen Takt finden, mit einem kurzen Schwebemoment zwischen den Tritten.

Versammelnde Übungen aus anatomischer Sicht

Anatomisch sind versammelnde Übungen gut, um:

- Rückenhaltung und -kraft zu fördern,
- die Hinterhandmuskeln zu kräftigen,
- Kern-, Bauch-, Hüftbeugemuskeln und thorakale Muskelschlinge zu kräftigen,
- die Muskeln zu tonisieren, die den Reiter tragen,
- mehr Ausdruck der Vorhand zu ermöglichen,
- die Fähigkeit der Hinterhand, Gewicht aufzunehmen, zu entwickeln,
- Balance und muskuläre Kontrolle zu verbessern.

Aus Trainingsperspektive sind versammelnde Übungen gut, um:

- Kraft zu entwickeln,
- die Geschmeidigkeit zu fördern,
- die Reaktionen zu verbessern,
- die Geschwindigkeit zu kontrollieren,
- die Konzentration zu verbessern,
- Schwung, Aktivität und Energie zu gewinnen,
- die Qualität der Gangarten zu erhöhen.

Rückwärtsrichten

Obwohl es nicht zu den natürlichen Bewegungen des Pferdes gehört, kann man die anatomischen und biomechanischen Vorteile des Rückwärtsrichtens gar nicht genug betonen. Die Übung, die man vor dem Einreiten an der Hand einführen kann, sollte mit ein bis zwei Schritten begonnen und auf 20 oder mehr gesteigert werden. Die Schritte sollten lang und fleißig sein, der Kopf gesenkt. Das verstärkt die thorakolumbale Rotation, kräftigt die Kernmuskeln, hebt, rundet und stärkt den Rücken und trägt so zur guten Haltung bei sowie zur Fähigkeit, sich zu versammeln. In einer Dressurprüfung soll das Pferd paarweise diagonal rückwärtstreten, im Zweitakt, wie im Trab, ohne Schwebephase. Doch für manche Pferde ist dies schwierig und sie tendieren zu einem Viertakt wie im Schritt. Manchmal ist dies Ausdruck einer Bewegungseinschränkung in der Wirbelsäule, doch bei manchen Pferden ist es einfach eine Vorliebe. Egal ob als Viertakt oder Zweitakt: Die besten Resultate bringt diese unschätzbar wertvolle Übung, wenn sie täglich praktiziert wird.

Rückwärtsrichten an der Hand eignet sich besonders zur Kräftigung der Beugerkette, vor allem der Hüft- und Lumbosakralbeuger, der Iliopsoas-Gruppe und der thorakalen Muskelschlinge.

SEQUENZ UNTEN *Die anatomischen und biomechanischen Vorteile des Rückwärtsrichtens können gar nicht genug betont werden.*

Oberlinienmuskeln gestreckt

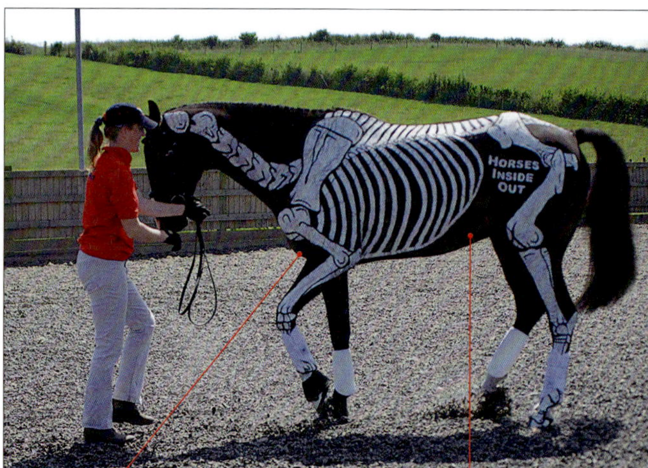

Hinterhandgelenke stärker gebeugt

thorakale Muskelschlinge rekrutiert

Bauchmuskeln verkürzen sich.

Rückwärtsrichten ist eine erschütterungsarme Übung, bei der die diagonalen Beinpaare idealerweise gleichzeitig auftreten. Für den größten Nutzen sollte es täglich und mit möglichst weit gesenktem Kopf durchgeführt werden, damit sich der Rücken hebt. Das Ziel sind zwanzig gute, lange und fleißige Schritte rückwärts. Klappt dies an der Hand, kann man es unter dem Reiter üben.

RECHTS OBEN UND MITTE *Rückwärtsrichten hinauf oder hinunter an einer Steigung erfordert andere Bewegungen und fördert muskuläre Kontrolle, Propriozeption, Koordination sowie Balance. Es ist eine effektive Möglichkeit, um die thorakale Muskelschlinge, den Biceps femoris und die Glutealmuskeln zu kräftigen.*

Rückwärtsrichten hangaufwärts

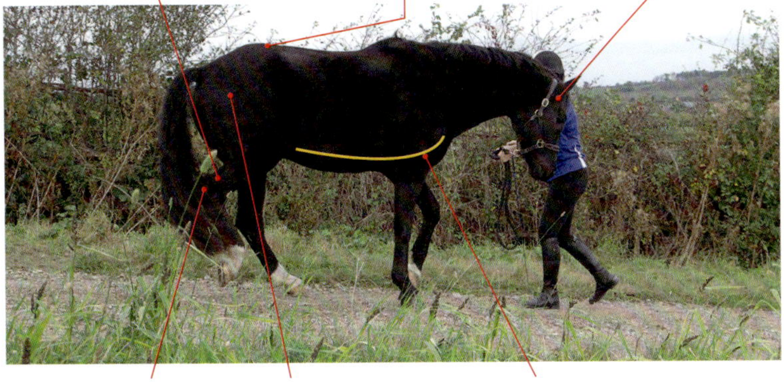

Rückwärtsrichten hangabwärts

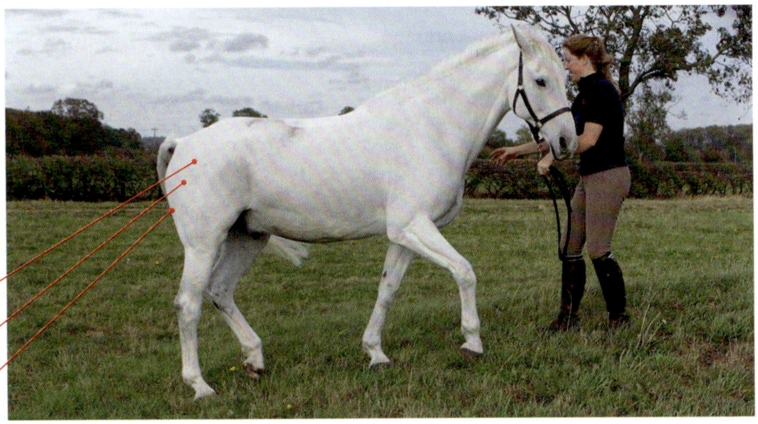

Muskeln, die das Pferd normalerweise vorwärtsschieben, müssen Schrittlänge und Platzierung des Hinterhufs kontrollieren.

Übergänge

Übergänge bilden die Basis allen Trainings, vom jungen Pferd, das lernt, vom Schritt in den Trab zu wechseln, bis zu Pferden, die fortgeschrittene Dressurlektionen in Versammlung gehen. Sie erfordern Zeit, Geduld, Wiederholungen und gute Vorbereitung. Ein idealer, sanfter Übergang, bei dem sich Geschwindigkeit, Gangart, Schrittlänge oder Richtung ändern, erfordert Balance, Losgelassenheit und die Bereitschaft, auf die Hilfen zu reagieren. Er findet statt, ohne dass Stabilität, Takt oder die gewünschte Haltung verloren gehen.

Trab-Schritt-Trab-Übergänge

Diese Trab-Schritt-Trab-Übung, bei der die Zahl der Schritt-Tritte in den Ecken immer weiter reduziert wird, verbessert die Aktivität der Hinterhand und die Trabqualität direkt vor und nach der Ecke. Sie eignet sich auch zum Beruhigen und Drosseln der Geschwindigkeit bei übereifrigen Pferden.

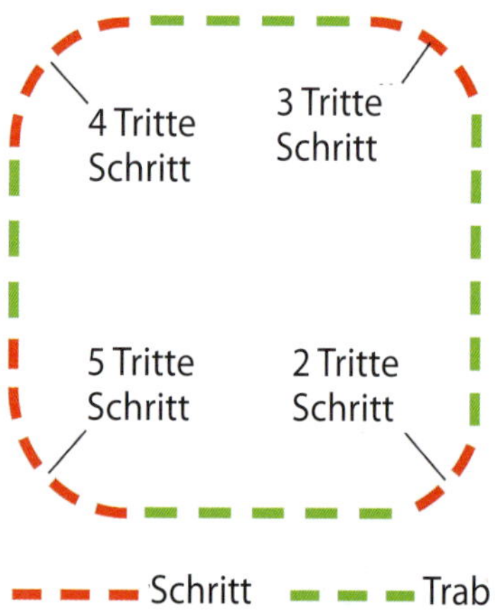

Trab-Galopp- und Galopp-Trab-Übergänge

Die Funktion des Rückens ist im Trab die eines stabilisierenden Stabs, der nur passiv gebeugt und gestreckt wird, während er sich im Galopp aktiv beugt und streckt. Deshalb eignen sich fortschreitende Trab-Galopp- und Galopp-Trab-Übergänge, um die Bauchmuskeln zu kräftigen, um Stabilität und Losgelassenheit des Rückens, besonders der LSG- und ISG-Region zu fördern sowie zum Lockern von Verspannungen.

Trab-Galopp- und Galopp-Trab-Übergänge

Halbe Parade

Die Halbe Parade, ein „Fast-Übergang“ ist eine unentbehrliche versammelnde Übung, bei der das Gewicht des Pferdes auf die Hinterhand verlagert wird. Dies macht die Vorhand leicht und trägt sehr zur Balance bei. Innerhalb einer Gangart ist sie eine gute Vorbereitung zum Übergang in eine langsamere Gangart und bringt einen Energieschub vor dem Übergang in eine schnellere Gangart.

Die Halbe Parade

Eine gut ausgeführte Halbe Parade ist wesentlich für die Entwicklung einer kräftigen Hinterhand und rekrutiert die Iliopsoas-Gruppe, die sich verkürzt und das LSG beugt, sodass die Hinterhand mehr Gewicht aufnimmt.

Übergänge innerhalb einer Gangart

Zu den Übergängen innerhalb einer Gangart gehören Veränderungen von Tempo, Schrittlänge und Versammlung. Sie konditionieren Gluteal- und Biceps-femoris-Muskeln, fördern Ausdruck und Kraft und verbessern das Ansprechen auf die Hilfen. Tempo und Schrittlänge im Galopp zu variieren, ist eine gute Übung für Springpferde, damit sie sich besser durch den Parcours manövrieren lassen.

Ecken

Eine Ecke, quasi ein Viertel einer Volte, im völligen Gleichgewicht in einer Gangart zu durchreiten, ist eine essenzielle, aber schwierige Übung. Jede Bewegung ist nur so gut wie die Ecke davor. Für Ecken muss das Pferd mehrere Fähigkeiten meistern, unter anderem die vorbereitende Halbe Parade, Balance, Versammlung und Seitwärtsbiegung. Das ist besonders schwer für junge Pferde, die noch lernen, ihr Gleichgewicht unter dem Reiter zu halten. Eine Ecke fördert und testet die Stärke der Kernmuskeln, die Haltung und die sportlichen Fähigkeiten.

Schreitet das Training voran, können die Prinzipien des Schenkelweichens, des Schulterhereins, der Vor- und der Hinterhandwendung alle in das Reiten der Ecken integriert werden, welches bei konsequentem Reiten automatisiert wird.

Einmal beherrscht, lassen sich Balance und Sichtragen durch das Reiten eines Vierecks in der Mitte der Bahn verbessern, ebenso wie durch das Variieren von Gangart und Tempo zwischen den Ecken.

Außerhalb einer Halle eignen sich Dressurplatzbegrenzungen oder Ähnliches, um die Ecken wirklich korrekt, konzentriert und in Balance zu reiten.

Eine Ecke reiten

Kontergalopp

Der Kontergalopp mit geradem oder leicht in Richtung des führenden Vorderbeins gestelltem Hals ist eine fortgeschrittene Übung, die ein bereits gerades Pferd weiter geraderichtet. Um den Rahmen zu halten, braucht es Balance, Muskelkraft, Kernstabilität, Koordination, Geschick und muskuläre Kontrolle.

Bei Dressurpferden fördert der Kontergalopp Versammlung, Hankenbeugung und Aktivierung der Hinterhand. Er eignet sich gut zur Vorbereitung von fliegenden Wechseln und Galopppirouetten. Bei Springpferden fördert er die Balance und verbessert die Wendigkeit sowie Hand- und Richtungswechsel.

Bei Dressurpferden fördert der Kontergalopp Versammlung, Hankenbeugung und Aktivierung der Hinterhand.

Kontergalopp richtet das Pferd gerade. Biomechanisch werden, wenn der Kopf nach innen geneigt ist (siehe rechts) und das äußere Bein sich stärker abstoßen muss, um weiter nach vorne zu kommen, die Brachiocephalicus- und Omotransversarius-Muskeln auf der Außenseite der Biegung gedehnt. Dies macht die Vorhand freier und ausdrucksvoller.

11 Biegende Übungen

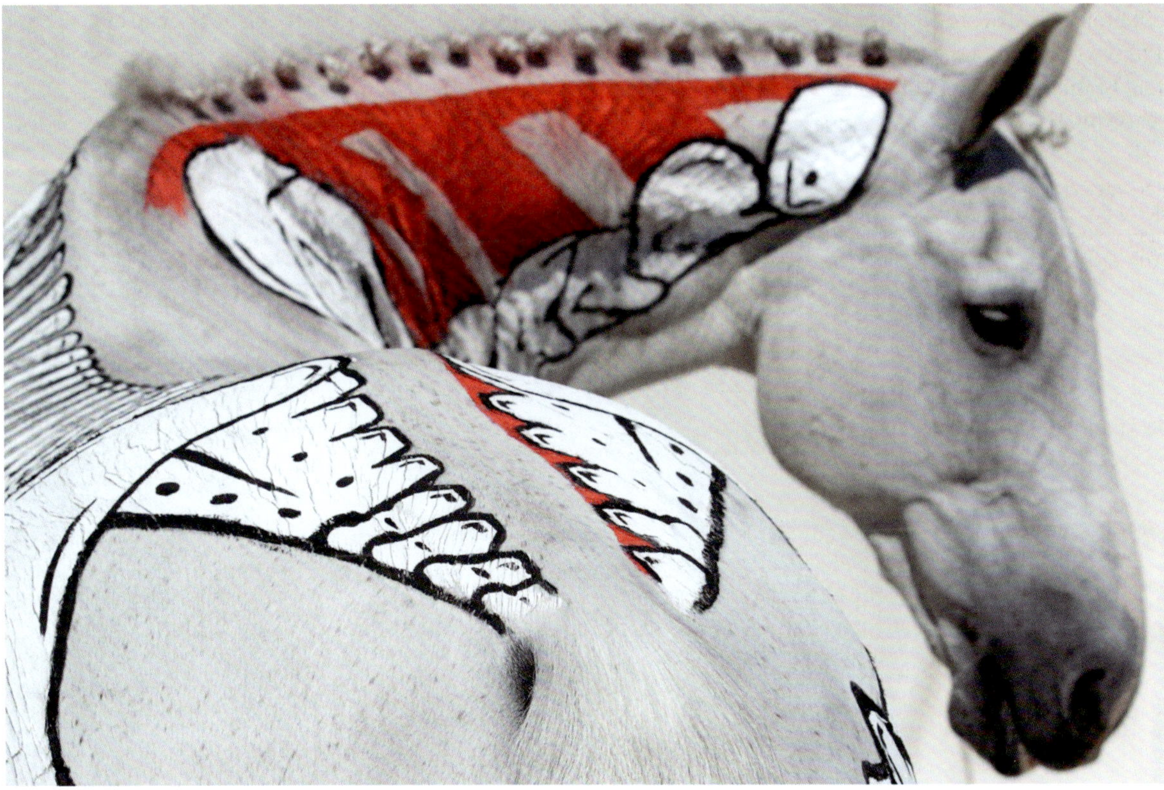

Eine korrekte Biegung ist wesentlich für geschmeidige, ausbalancierte Bewegungen. Aufgrund der Starrheit der Wirbelsäule kann sich das Pferd jedoch nicht von Nase bis Schweif gleichmäßig biegen. Das wird von vielen Reitern und Trainern missverstanden, die häufig von einer gleichmäßigen Biegung sprechen.

Beitrag des Halses zur Biegung

Kopf und Hals dienen dem Pferd in Wendungen als stabilisierendes Gegengewicht. Deshalb lehnen sich junge Pferde an der Longe häufig nach innen und bewegen ihren Kopf nach außen. Da wir dies unter dem Reiter nicht wollen, muss das Pferd andere Wege finden, sich auszubalancieren und zu wenden, während es seinen Kopf stillhält und den Hals zur Innenseite biegt. Dies erfordert Kraft, Geschmeidigkeit und Koordination.

Oberflächliche Halsmuskeln

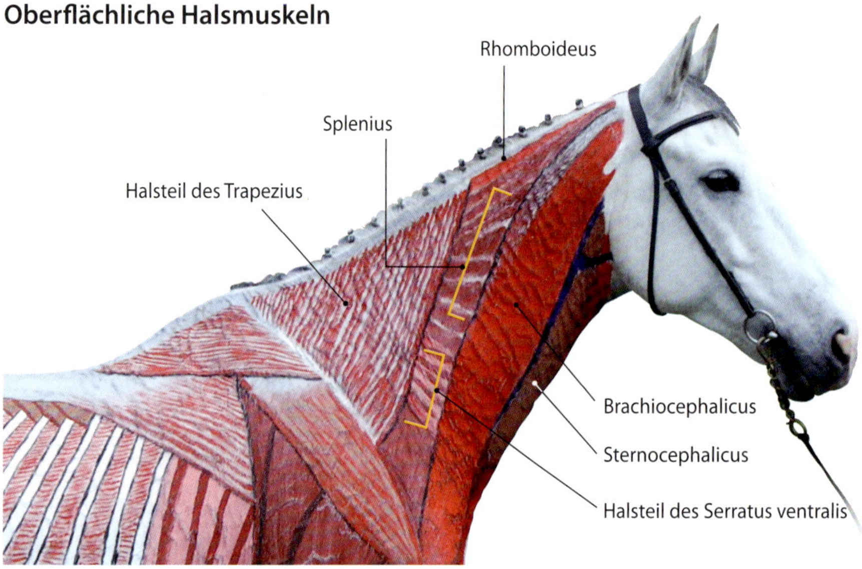

Tiefe Halsmuskeln

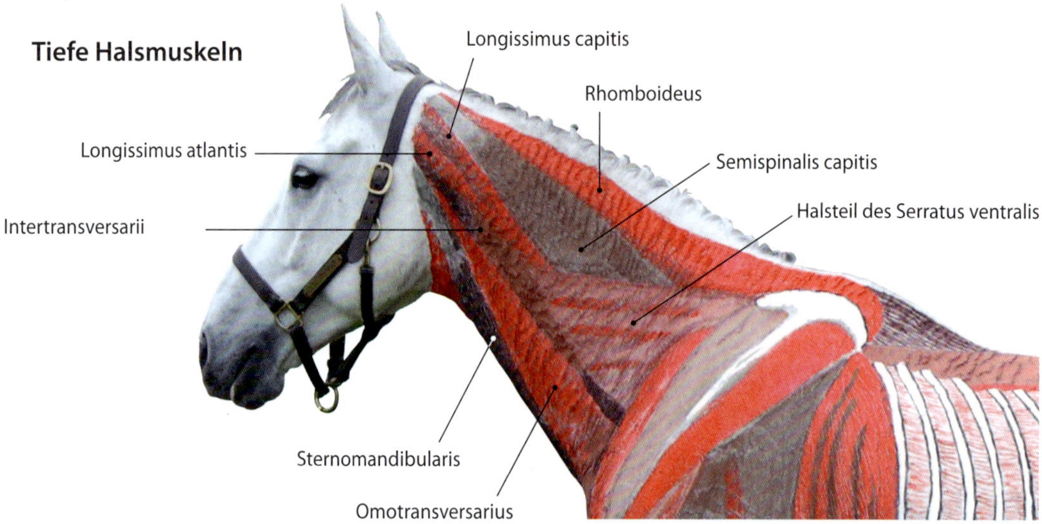

Seitliche Biegung des Halses

Jede Steifheit im Hals beeinträchtigt nicht nur die Losgelassenheit und das Ausmaß der Biegung, sondern auch die Bewegungen der Vorhand, da einige Halsmuskeln, besonders Brachiocephalicus und Omotransversarius, an Humerus und Skapula ansetzen. Verspannungen in den zur Streckerkette gehörenden Halsmuskeln, beispielsweise Splenius, Longissimus capitis, Longissimus atlantis und Multifidi, können Steifheit und Streckung des Rückens fördern, was sich auf die Haltung auswirkt.

RECHTS *Die meiste Biegung kommt aus dem Halsansatz.*

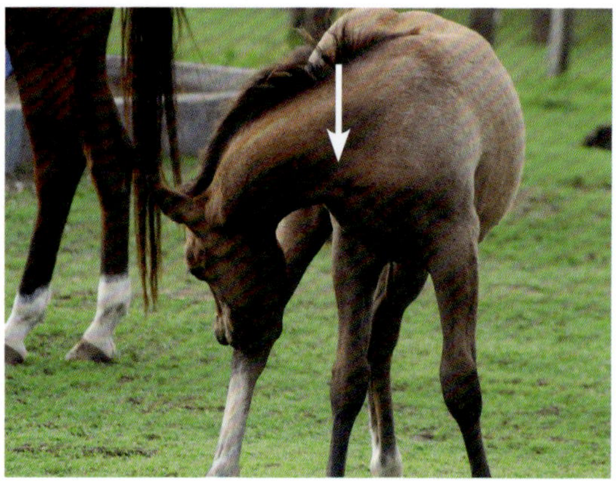

Reiten mit seitlicher Halsbiegung

Das Pferd seinen Kopf für einige Schritte zur Innen- oder Außenseite nehmen zu lassen, ist eine gute Dehnübung für die Halsmuskeln. Der Grad der Biegung und die Zahl der Schritte sollten allmählich gesteigert werden und nur so weit, wie das Pferd Takt, Balance und Schwung sicher beibehalten kann. In einer schnelleren Gangart oder an einer Steigung stärkt die Übung die thorakale Muskelschlinge und die Halsmuskeln noch weiter. Sie fördert:

- Kernstabilität und Balance,
- Koordination und Propriozeption,
- Geraderichtung und Symmetrie,
- Vorhandbeweglichkeit und -ausdruck,
- das Lösen von Verspannungen und Einschränkungen der Halsmuskeln,
- Muskelkraft, -kontrolle und -geschmeidigkeit,
- die Beweglichkeit der Halsgelenke.

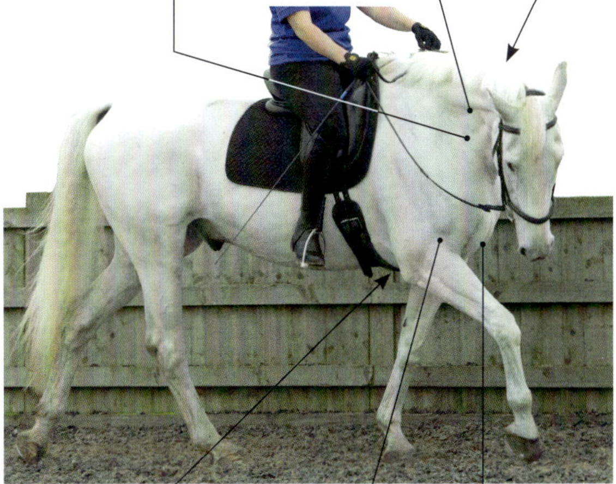

Stellen des Genicks

Beim Stellen des Genicks biegt sich das Atlantookzipitalgelenk zwischen dem Schädel und dem ersten Halswirbel leicht nach rechts oder links. Beim Reiten ist es sehr wichtig, da es das Annehmen des Gebisses anzeigt und dem Pferd erlaubt, eine gute Haltung und Geraderichtung zu entwickeln. Es trägt außerdem zur Entspannung von Kiefer und Oberlinienmuskeln und damit zur Losgelassenheit bei. Sowohl die Seitwärtsbiegung als auch die Rotation des Gelenks werden durch Knochenvorsprünge und die Form der Knochen limitiert. Jede größere Biegung findet viel weiter unten im Hals statt. Beim Reiten mit seitlicher Stellung des Genicks sollte gerade so das innere Auge des Pferdes oder das innere Backenstück zu sehen sein.

Das Stellen des Genicks ist für das Pferd schwierig, wenn

- das Atlantookzipitalgelenk überstreckt oder überbeugt ist,
- die kleinen Muskeln oder Sehnen in dieser Region verspannt oder verletzt sind,
- das Kiefergelenk verspannt ist,
- es seinen Kiefer zuklemmt,
- es steif ist, sich widersetzt, psychisch angespannt oder nervös ist.

RECHTS *Reiten mit seitlicher Stellung und Biegung hält die Atlantookzipital- und Atlantoaxialgelenke geschmeidig, verbessert die Losgelassenheit in Genick und Hals und das Ansprechen auf Zügelhilfen.*

Kann es sein Atlantookzipitalgelenk nicht seitwärts biegen, kompensiert das Pferd dies mit einer Rotation im zweiten Halsgelenk, dem Atlantoaxialgelenk. Dadurch wird die Nase schief gestellt.

Beitrag des Rückens zur Biegung

Obwohl die Kontraktion von Longissimus dorsi und innerem schiefem Bauchmuskel zur Biegung beiträgt, limitiert der sehr geringe Grad an Biegung in den Brust- und Lendenwirbelgelenken das Ausmaß der Seitwärtsbiegung. Weiter eingeschränkt wird sie durch den Sattel.

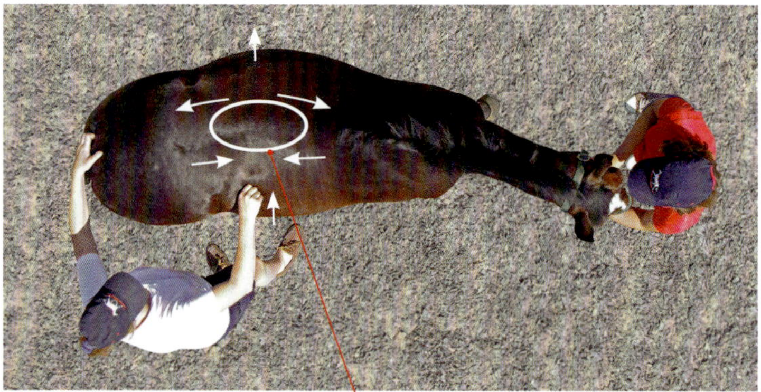

Die meiste Seitwärtsbiegung im Rücken findet hier statt.

Beitrag der Rippen zur Biegung

Die Rippenbewegungen tragen einiges zur Biegung bei. Sie geben dem Reiter das Gefühl, das Pferd „biege“ sich um den inneren Schenkel. Das Bild rechts zeigt, dass die meiste Beweglichkeit aus den hinteren Rippen kommt und dass der gesamte Brustkorb zur Außenseite schwingt.

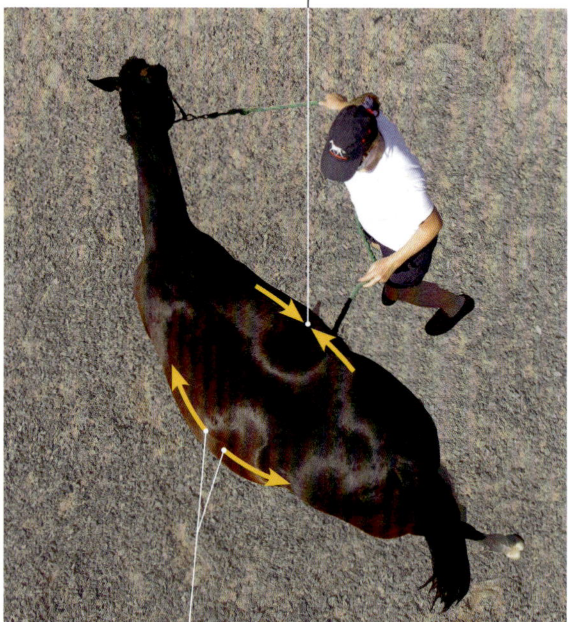

UNTEN *Jede Rippe ist im Rippen-Wirbel-Gelenk mit zwei benachbarten Wirbeln verbunden. Rippenbewegungen fördern die Produktion von Gelenkschmiere in den sie umgebenden Gelenken, sodass der Rücken geschmeidig gehalten wird.*

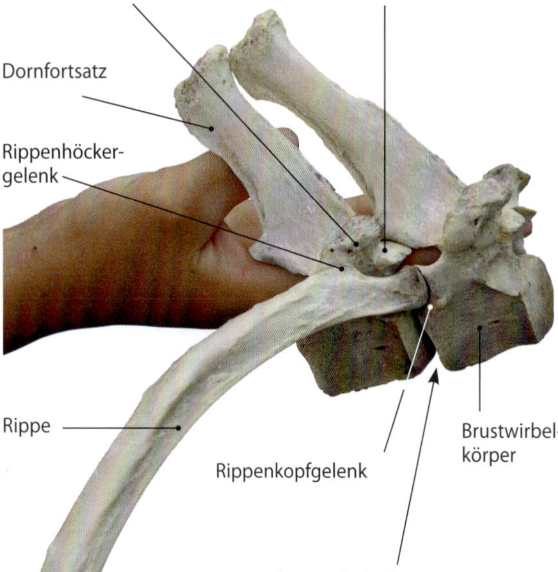

Beitrag der Vorderbeine zur Biegung

Die muskuläre Verbindung der Vorderbeine mit dem Rumpf ist für den Bewegungsradius wichtig. In der Biegung kommt das äußere Vorderbein weiter unter den Brustkorb. Außerdem kann der Brustkorb in der thorakalen Muskelschlinge rotieren, was ebenfalls zur Biegung beiträgt.

Beitrag der Hinterbeine zur Biegung

Die Hinterhand trägt über Adduktion und Abduktion zur Biegung bei. Obwohl das innere Hinterbein mehr Gewicht tragen muss, entwickelt das äußere Hinterbein mehr Kraft, da es den Vorwärtsschub liefern muss. Besonders deutlich ist dies, ebenso wie der Einfluss auf die Rippen- und Rückenbewegungen, in einer engen Volte.

Beitrag der Muskeln zur Biegung

In der Volte verkürzt sich die seitliche Beugerkette auf der Innenseite konzentrisch (Abb. 1), während die äußere Kette sich exzentrisch verlängert, um die Biegung zuzulassen. Die optimale seitliche Biegung der Wirbelsäule ist bei überbeugter oder überstreckter Wirbelsäule unmöglich.

Die seitliche Beugerkette

Abbildung 1

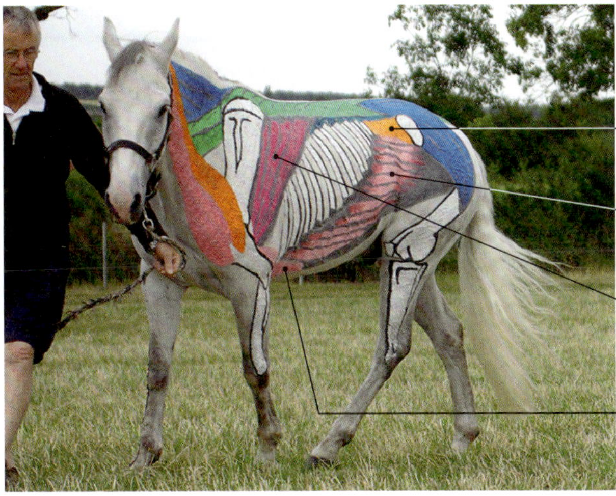

Abbildung 2

DIE THEORIE ANWENDEN

Ein gut trainiertes, in der Biegung losgelassenes und williges Pferd zu reiten ist ein Vergnügen. Aus der Ecke kehrt, Volten, Zirkel, Achten und Schlangenlinien zu reiten, die sich unendlich kombinieren lassen, verbessert das Können von Pferd und Reiter. Um sich an einem gut ausbalancierten Pferd erfreuen zu können, das sich auf beiden Händen gleichmäßig biegt, müssen die Reiterhände die Bewegung der Halsmuskeln widerspiegeln. Der äußere Zügel wird verlängert und der Reiter schaut in Richtung der Biegung. Aufrecht und ruhig zu sitzen, mit dem eigenen Schwerpunkt über dem des Pferdes und die Hilfen auf die Rippenbewegungen des Pferdes abgestimmt zu geben trägt dazu bei, dass es sich anfühlt, als biege sich das Pferd um den inneren Schenkel und ermöglicht dem Reiter die wunderbare Erfahrung, eins mit seinem Pferd zu werden.

Biegende Übungen aus anatomischer Perspektive

Biegende Übungen zu verstehen und anzuwenden fördert die Losgelassenheit, zeigt Schwächen auf und hilft, die Korrektheit von Haltung und Bewegungen zu überprüfen beziehungsweise zu erreichen. Beginnen Sie mit flachen Schlangenlinien und großen Zirkeln, um Balance, Losgelassenheit und Präzision zu fördern, bevor Sie zu Übungen mit engerem Durchmesser und häufigerem Wechsel der Biegung fortschreiten, wenn das Pferd reifer, stärker und biegsamer wird. Die Intensität der Übungen lässt sich durch Variation von Gangart, Versammlung, Geschwindigkeit und Takt steigern.
Anatomisch gesehen eignen sich Biegungen, um:

- Rippen- und Wirbelgelenke zu mobilisieren,
- Rippen und Rücken zu lockern,
- die Bauchmuskeln zu rekrutieren,
- den Kern zu kräftigen,
- die Schrittlänge des äußeren Vorder- und Hinterbeins zu vergrößern.

Aus Trainingsperspektive eignen sie sich, um

- die Biegsamkeit zu vergrößern,
- Balance und Geraderichtung zu fördern,
- Übergänge vorzubereiten,
- Seitengänge vorzubereiten,
- Untertreten und Versammlung einzuleiten,
- Körperwahrnehmung, Koordination und Kontrolle zu verbessern,
- den Ausdruck zu verbessern,
- psychische und physische Verspannung zu lösen.

Schlangenlinien

Schlangenlinien, die gleichmäßige, schrittweise Richtungswechsel erfordern, sind eine gute biegende Übung für junge, unerfahrene Pferde. Die meiste Biegung kommt aus der Stellung des Genicks und nur ein kleiner Teil aus Hals und Rumpf. Dies ist auch eine gute Vorbereitung auf den Kontergalopp.

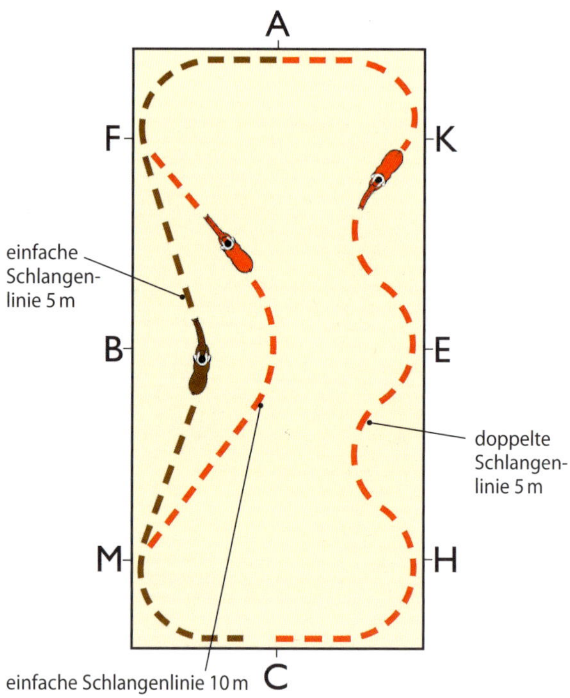

Zirkel und Volten

Einen exakten Kreis im Schritt, Trab oder Galopp zu reiten, ist eines der schwierigsten Unterfangen für Pferd und Reiter. Es verlangt gut ausgeprägte seitliche Geschmeidigkeit, Balance, Kontrolle, Kernstabilität, Versammlung, Präzision und Beharrlichkeit.

Das innere Hinterbein muss nach vorne unter den Körper treten, der Kopf auf gleicher Höhe bleiben. Balance, Losgelassenheit, eine gleichmäßige Biegung, Schwung und Takt müssen beibehalten werden. Je kleiner der Kreisbogen, desto größer ist der verlangte Grad an Versammlung und Balance.

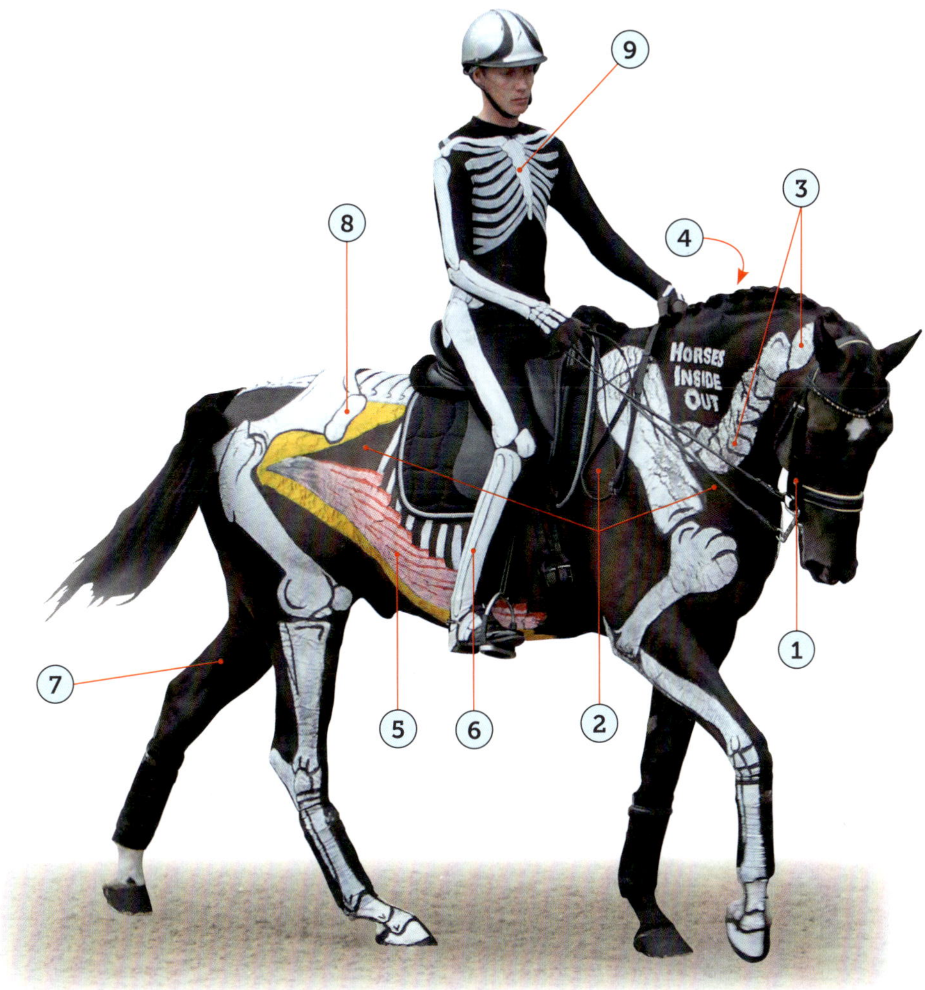

1. Ein entspannter Kiefer fördert die Nachgiebigkeit des Genicks.
2. Die Muskeln auf der Innenseite arbeiten in verkürzter Form.
3. Seitwärtsbiegung der Halswirbelsäule
4. Die Muskeln der Außenseite verlängern sich und erlauben die Biegung.
5. Die schiefen Bauchmuskeln tragen zu Rippenbewegungen und Biegung bei.
6. Schenkelhilfen beeinflussen die Rippenbewegungen und direkt die Geschmeidigkeit der Biegung.
7. Die äußeren Vorder- und Hinterbeine kommen weiter unter den Körper.
8. Der innere Hüfthöcker führt.
9. Rotation des Körpers ermöglicht die korrekte Positionierung von Sitzhöckern, Beinen und Armen.

Wechsel der Biegung

Ein geschmeidiger Wechsel der Biegung ist nur möglich, wenn das Pferd für ein oder zwei Schritte geradegerichtet ist. Der Wechsel erfordert Balance, Biegsamkeit und Präzision und löst eventuelle Verspannungen in den Muskeln auf der Innenseite der Biegung. Springreitern können Volten um Hindernisse herum und häufige Handwechsel helfen, die Manövrierbarkeit und die Reflexe zu verbessern.

Schlangenlinien in der Mitte der Bahn mit zehn Metern Durchmesser zu reiten (also eine Serie von halben Volten) erfordert ein aufmerksames, ruhiges und reaktionsfähiges Pferd. Es ist eine fortgeschrittene Lockerungsübung, die Präzision, Versammlung, Muskelkraft, gute Balance und eine stärkere Biegung erfordert. Kann das Pferd dabei seine Balance und die Versammlung halten, kann man die Übung zu Achten oder einer Serie von miteinander verbundenen ganzen Volten entlang der Mittellinie erweitern. Die Zehn-Meter-Volte jeweils mehrfach zu reiten erlaubt mehr Zeit für das Etablieren der Biegung vor dem Handwechsel und der nächsten Volte.

UNTEN *Schlangenlinien fördern flüssige Bewegungen, Takt, Rahmen, Präzision sowie geschmeidiges, gleichmäßiges Biegen. Sie tragen außerdem zur symmetrischen Muskelentwicklung und zur Geraderichtung bei.*

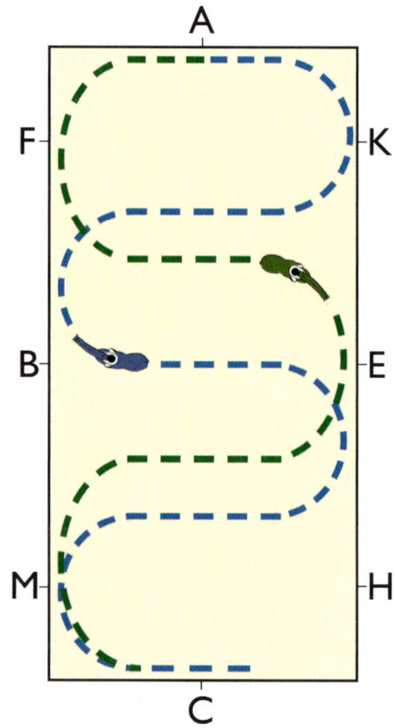

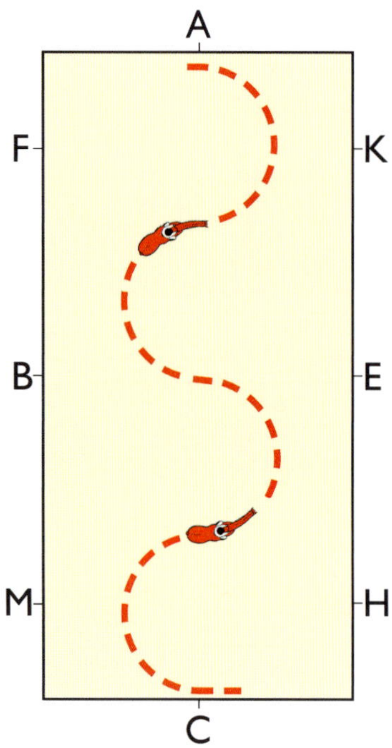

Eine Pferdelänge Geraderichten während des Wechsels der Biegung

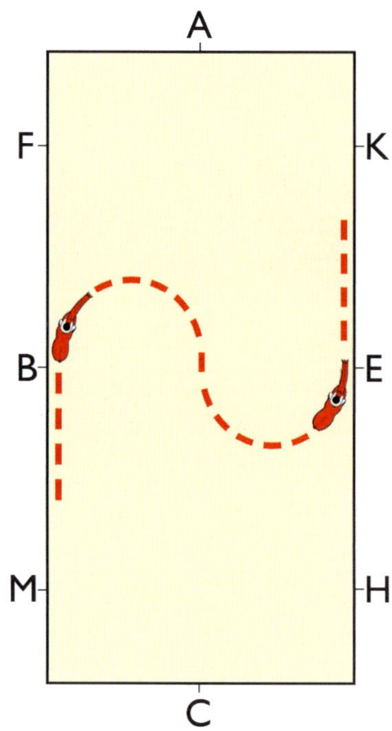

12 Seitengänge

In Seitengängen soll sich das Pferd flüssig und anmutig zur Seite bewegen. Dafür muss es

- seine Beine in der Adduktion über die Mittellinie des Körpers bewegen,
- seine Beine in der Abduktion seitlich vom Körper wegstrecken.

Seitwärts zu gehen lernen junge Pferde kennen, wenn man sie auf der Weide oder im Stall in die Rippen stupst. Unabhängig von Rasse oder Disziplin können Seitengänge als gymnastizierende Übung dazu dienen, einen geschmeidigen Athleten hervorzubringen, der locker, beweglich und im Gleichgewicht ist. Sie haben therapeutischen Nutzen und tragen zu Manövrierbarkeit, Kraft, Stabilität, Koordination und Selbstvertrauen bei.

Die einfachste Seitwärtsbewegung ist das Schenkelweichen. Seitwärtsbewegung sollten im Schritt eingeführt werden, bevor man zu Trab oder Galopp voranschreitet.

Beitrag der Vorhand in Seitengängen

Die Schulter ist das einzige Gelenk des Vorderbeins, das Seitwärtsbewegungen erlaubt. Die Beweglichkeit wird jedoch limitiert durch seine Lage am Rumpf, die großen Muskeln, die es stabilisieren, und durch die Position der ersten Rippen.

RECHTS *Hier sind beide Vorderbeine in Abduktion, allerdings ist das vom Pferd aus gesehen linke gleichzeitig in Protraktion und das rechte in Retraktion.*

Abduktion

Die Vorderbein-Abduktoren

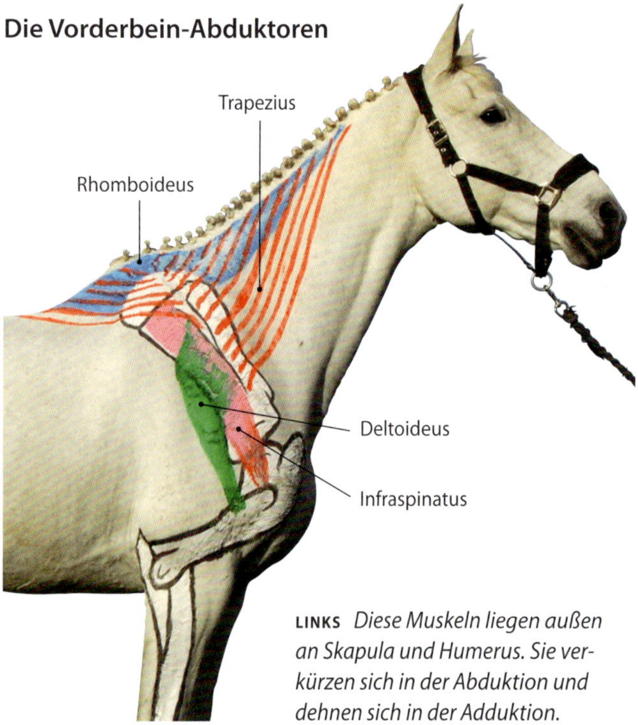

LINKS *Diese Muskeln liegen außen an Skapula und Humerus. Sie verkürzen sich in der Abduktion und dehnen sich in der Adduktion.*

UNTEN *Trapezius und Rhomboideus heben die Skapula Richtung Widerrist, wenn das Vorderbein protrahiert und abduziert (gelber Pfeil). Wird das Bein retrahiert und abduziert, ziehen sie den Widerrist zur gewichttragenden Skapula (schwarzer Pfeil). Dies positioniert und stabilisiert Skapula und Widerrist in den Seitengängen und trägt zur Reichweite sowie zum Hochheben des Vorderbeins bei Abduktion und Protraktion bei, wenn sich das Vorderbein seitlich nach vorne bewegt. Dies ist besonders deutlich beim Schulterherein, das eine gute Übung für Springpferde ist, da die beim Schulterherein trainierten Muskeln die Skapula beim Sprung über ein Hindernis anheben.*

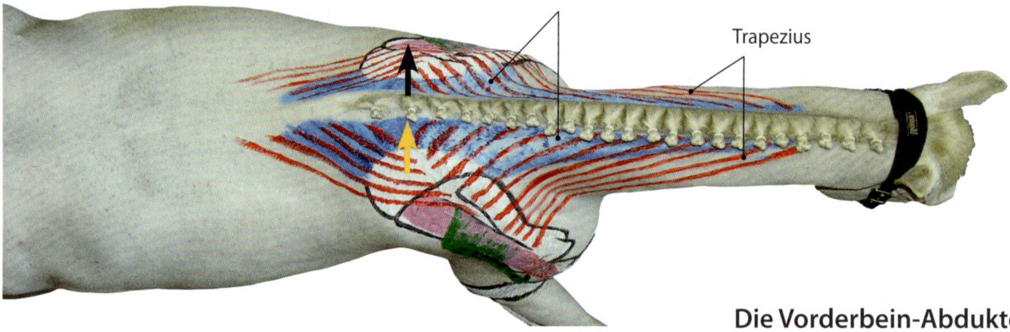

Die Vorderbein-Abduktoren

RECHTS *Hier sind beide Vorderbeine in Adduktion. Die Muskeln des linken Pferdebeins, das sich in der Retraktion befindet, müssen mehr leisten als die des rechten Vorderbeins in der Protraktion.*

Adduktion

Die Vorderbein-Adduktoren

Diese Muskeln liegen auf der Innenseite von Skapula und Humerus. Sie verkürzen sich, um die Adduktion herbeizuführen und dehnen sich in der Abduktion. Da das Vorderbein über Muskeln mit dem Rumpf verbunden ist, können die Adduktion und Abduktion der Vorhand die Position von Brustkorb und Wirbelsäule beeinflussen.

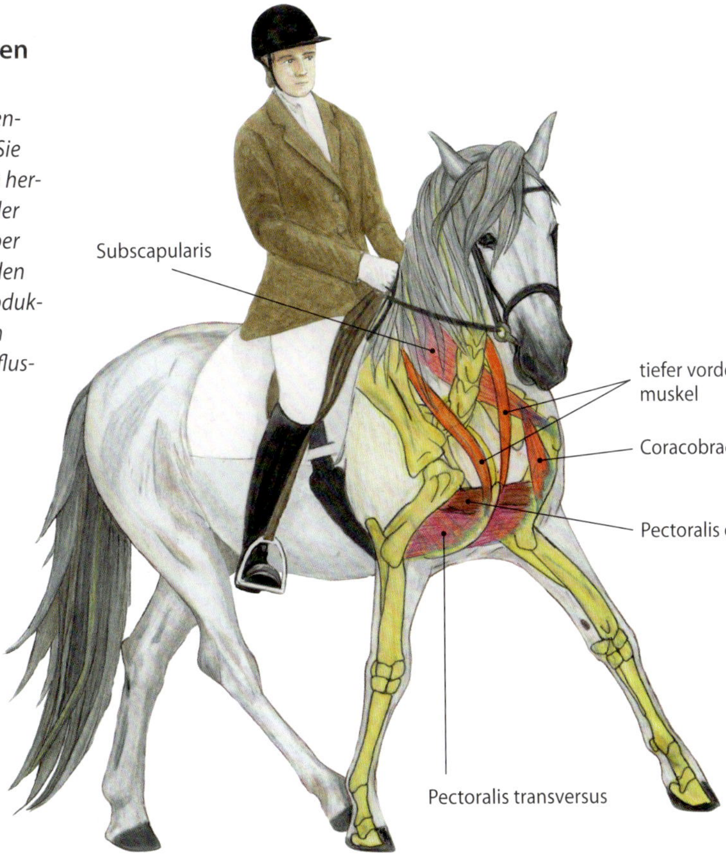

DIE ROLLE DER UNTEREN BEINGELENKE IN SEITENGÄNGEN

Die Gelenke unterhalb von Ellbogen und Knie können sich nur beugen und strecken. Ein wenig passive Seitwärts- und Rotationsbewegung ist allerdings in den untersten Gelenken möglich und erlaubt dem Pferd, mit seitlicher Belastung in Seitengängen oder auf unebenem Untergrund umzugehen.

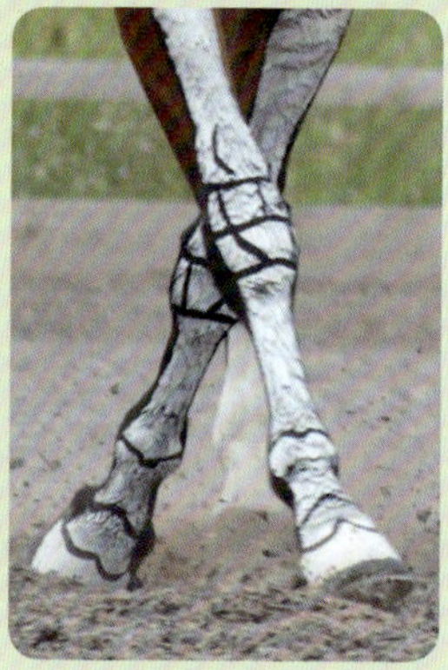

RECHTS In den Seitengängen kommt der Huf eines Beins auf der medialen Seite auf und fußt über die laterale Seite ab und umgekehrt am anderen Bein. Dies belastet die unteren Beingelenke, weshalb es wichtig ist,

- das Pferd vor den Seitengängen gut aufzuwärmen,
- auf einer ebenen Fläche zu arbeiten und
- Seitengänge zu vermeiden, wenn das Pferd Verletzungen an den Seitenbändern hat.

Beitrag der Hinterbeine in Seitengängen

Die Hüfte ist das einzige Gelenk der Hinterhand, das aktive Seitwärtsbewegungen zulässt. Das Kugelgelenk erlaubt zwar Rotationsbewegungen, doch Seitwärtsbewegungen werden durch Bänder begrenzt.

UNTEN LINKS *Hier sind beide Beine in der Adduktion. Das linke in Protraktion, das rechte in Retraktion. Die Rippen, die sich immer vom protrahierenden Bein weg bewegen, schwingen nach rechts.*

UNTEN RECHTS *Hier sind beide Beine in der Abduktion. Das linke in Protraktion, das rechte in Retraktion.*

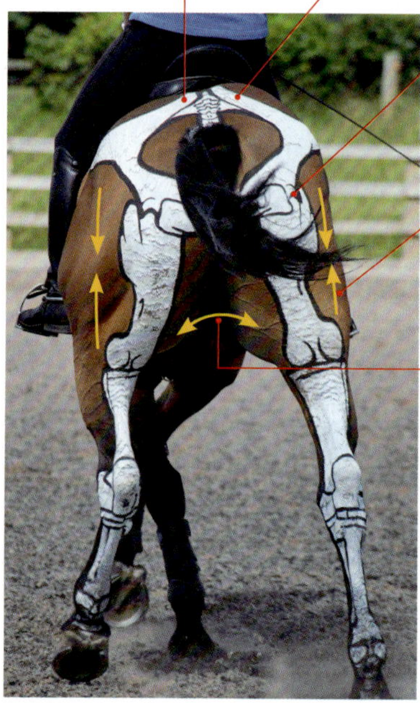

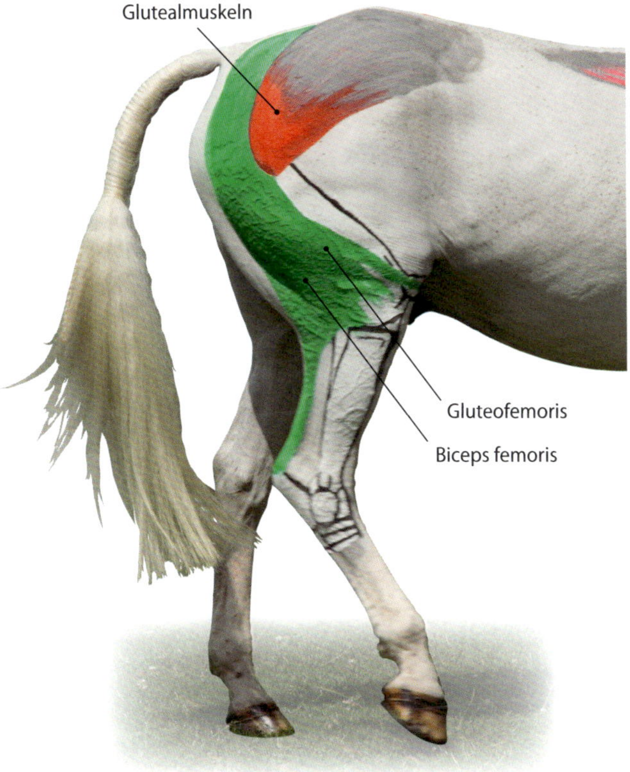

Die Hinterhand-Abduktoren

Diese Muskeln liegen auf der Außenseite von Becken und Femur. Sie verkürzen sich für die Abduktion und werden in der Adduktion gedehnt.

Abduktion

UNTEN *Die Kontraktion der Glutealmuskeln, von denen der Gluteus medius der mächtigste ist, streckt und rotiert das Hüftgelenk. Sie setzen mit einer sehr starken, sehnigen Verbindung am großen Trochanter an, einem knöchernen Streckhebel am Femur, oberhalb des Hüftgelenks. In der Abduktion wird der Trochanter nach vorne und nach innen gezogen, um das Bein vom Körper wegzubewegen. Seitengänge kräftigen die Glutealmuskeln und starke Glutealmuskeln ermöglichen ausdrucksstärkere Seitengänge.*

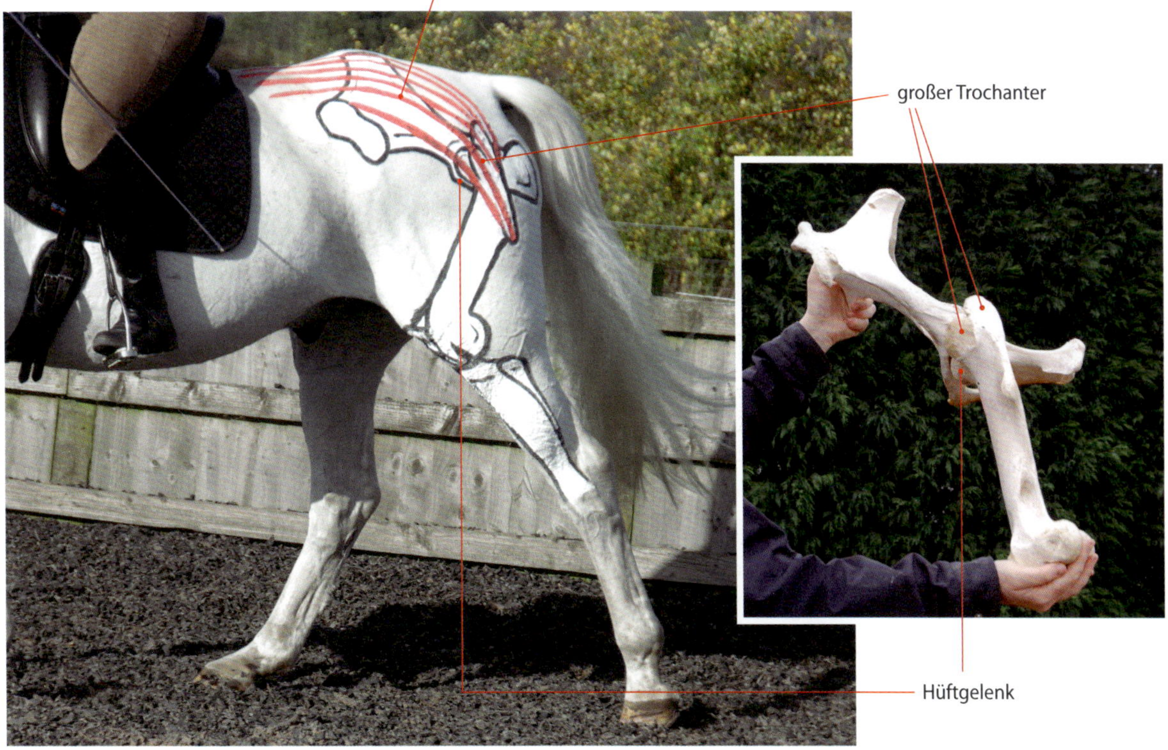

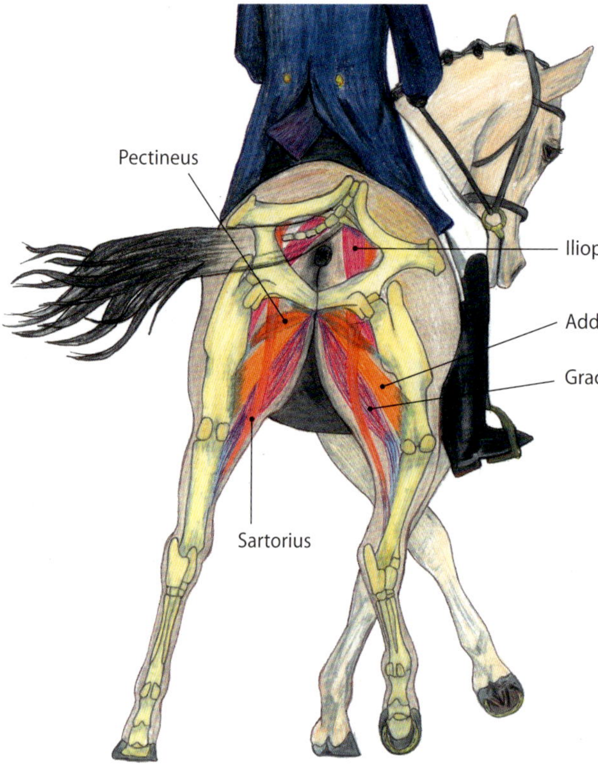

Die Hinterhand-Adduktoren

Die Adduktoren sitzen unterhalb des Beckens und innen am Femur. Ihre Hauptfunktion ist die Stabilisation der Beine. Sie verkürzen sich, um das Bein zu adduzieren und dehnen sich in der Abduktion.

Adduktion

UNTEN *In der Protraktion und Adduktion, wenn das Bein nach vorne unter den Rumpf gesetzt wird, verlängert sich der Gluteus medius. Da der große Trochanter sich nach hinten außen bewegt, wird der Gluteus medius weiter gedehnt und dadurch eine Entspannung der gesamten Streckerkette gefördert, was die Haltung verbessert und bei angespannten Pferden insgesamt entspannend wirkt.*

Durch die gelenkige und muskuläre Verbindung der Hinterbeine mit der Wirbelsäule verbessern Seitengänge auch die Beweglichkeit der Wirbelsäule vor allem im hinteren Brustwirbelbereich. Es entsteht eine Aufwärtsspirale aus mehr Wirbelsäulenbeweglichkeit und mehr Seitwärtsbeweglichkeit.

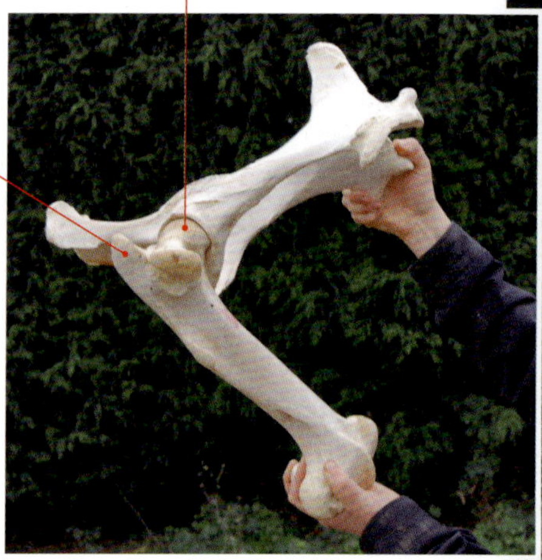

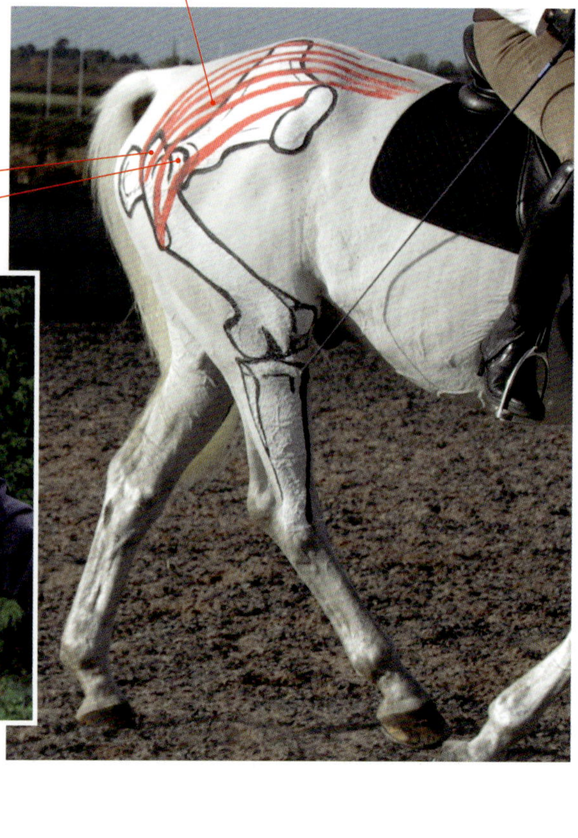

Seitengänge aus anatomischer Sicht

Zu verstehen, wie sich ein Pferd seitwärts bewegt, und Seitengänge zu üben, hilft das Pferd zu lockern sowie korrekte Haltung und Bewegungen zu etablieren.

Anatomisch gesehen eignen sich alle Seitengänge, deren Intensität über Gangart, Grad der Biegung bzw. Stellung und der Versammlung variiert werden kann, um:

- Schulter und Hüfte zu mobilisieren,
- Rumpfmuskeln und obere Beinmuskeln zu dehnen und zu kräftigen,
- Oberlinienmuskeln zu entwickeln,
- Kernmuskeln zu kräftigen,
- die schiefen Bauchmuskeln zu tonisieren, die den Rücken stützen,
- die Streckerkette zu entspannen,
- Seitwärtsbeweglichkeit und Losgelassenheit der Wirbelsäule zu fördern,
- Körperwahrnehmung, Koordination, Propriozeption, Kontrolle und Balance zu fördern.

Aus Trainingssicht sind sie gut, um:

- psychische und physische Anspannung zu lösen,
- Biegsamkeit und Beweglichkeit zu fördern,
- Balance, Geraderichtung, Stabilität und Hinterhandaktivität zu fördern,
- die Versammlung vorzubereiten und zu fördern,
- die Hinterhandprotraktion zu verbessern,
- Haltung und Ausdruck zu verbessern.

DIE THEORIE ANWENDEN

In Seitengängen aufrecht und ruhig zu sitzen, mit den anatomischen Grundlagen im Hinterkopf, ermöglicht Pferd und Reiter, ihr volles Potenzial auszuschöpfen. Gibt der Reiter korrekte, auf die Rippenbewegungen des Pferdes abgestimmte Hilfen, spürt er ein Gefühl der Leichtigkeit und Harmonie. Um das volle Potenzial zu erreichen, sind richtiges Aufwärmen und ein ebenmäßiger Untergrund wichtig. Ad- und Abduktion zu verstehen und die Glutealmuskeln zu kräftigen erlaubt dem Reiter, die Seitengänge kompetenter und effizienter zu reiten und dem Pferd, sie mit mehr Ausdruck zu zeigen. Mithilfe der Seitengänge Balance, Geraderichtung, Stabilität und Hinterhandaktivität zu fördern, ist eine gute Vorbereitung auf die versammelnden Übungen. Nur Geduld und Beharrlichkeit führen zu echter Freude und Zufriedenheit beim Reiten.

Ein Tor zu öffnen ist eine nützliche praktische Anwendung der Seitengänge.

Vorhandwendung

Die Vorhandwendung ist eine im Viertakt-Schritt ausgeführte Wendung, die aus dem Stehen heraus ausgeführt wird. Während sich die Vorhand auf einem kleinen Kreisbogen bewegt, ad- und abduzieren die Hinterbeine, um auf einem größeren Kreisbogen die 180°-Wendung zu vollziehen, nach der das Pferd in die entgegengesetzte Richtung blickt.

Die Vorhandwendung erfordert und fördert die Entspannung des Pferdes. Es ist eine gute Übung, um jungen Pferden beizubringen, dem treibenden Schenkel zu weichen, um Dressurreiter in die Seitengänge einzuführen und um die Muskeln zu lockern.

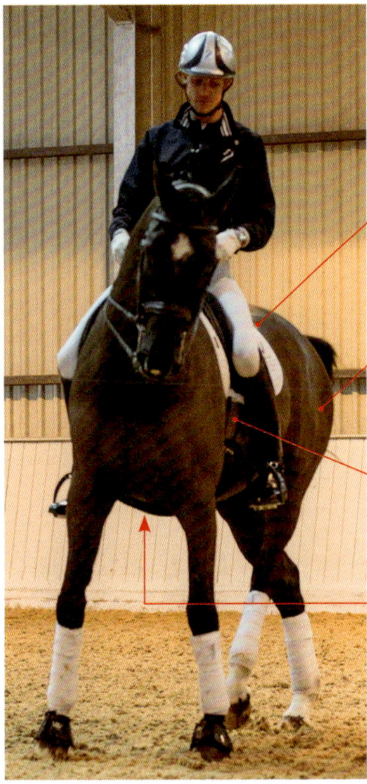

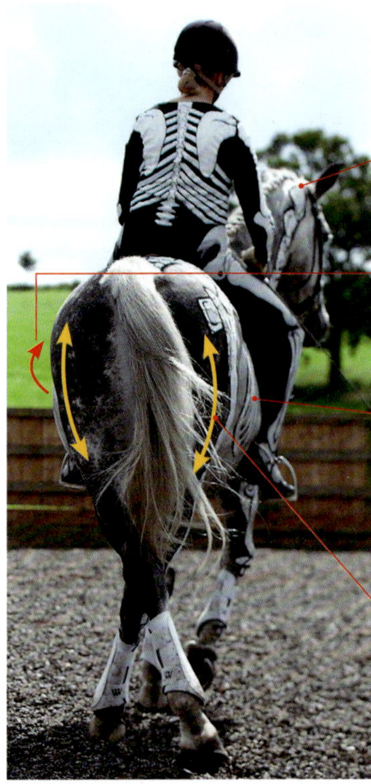

An der Hand erfordert diese Übung Geschick und Übung. Drei Kreisbögen auf jeder Hand jeden Tag verbessern Geschmeidigkeit, Biegung und Hinterhandadduktion unter dem Reiter.

Schenkelweichen

Auf zwei Spuren ausgeführt ist das Schenkelweichen eine vielseitige Lockerungsübung, bei der Vor- und Hinterhand ad- und abduzieren, um das Pferd seitwärts zu bewegen, während die Wirbelsäule seitlich von der Bewegungsrichtung weggebogen ist. Dies mobilisiert Rippen, Rücken und Hüften, aktiviert die tiefe Wirbelsäulenmuskulatur und ist ein nützlicher Beitrag zur Biegsamkeit. Schenkelweichen ist eine solide Basis für alle Seitengänge und sollte vor dem Voranschreiten zu anspruchsvolleren Übungen beherrscht werden.

RECHTS *Dieses Pferd weicht dem Schenkel entlang der Diagonalen, mit leichter seitlicher Biegung durch Kopf, Hals und Rumpf. Je größer die Beweglichkeit von Skapula und Schultergelenk, desto weiter reicht das Vorderbein zur Seite.*

UNTEN LINKS *Schenkelweichen kann auch mit dem Kopf Richtung Bande ausgeführt werden.*

UNTEN RECHTS *Mehr Biegung zeigt dieses Pferd, das dem Schenkel von einer 10-Meter-Volte zum 20-Meter-Zirkel weicht.*

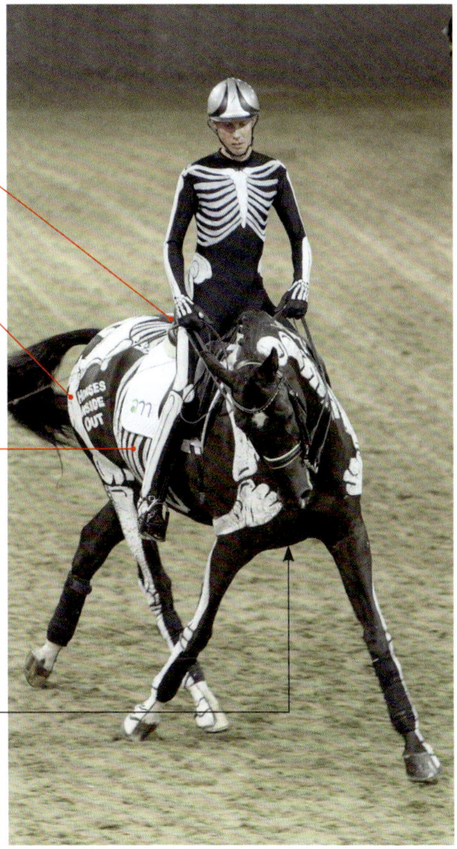

Vorderbein-Abduktoren helfen, den Widerrist zu stabilisieren und führen das Vorderbein nach außen

Schiefe Bauchmuskeln tragen zu Biegung, Rippenbewegung und Adduktion des Hinterbeins in der Protraktion bei

Schulterherein

Schulterherein und Schultervor (das mit etwa der Hälfte der Abstellung geritten wird) sind die natürliche Steigerung des Schenkelweichens und gute Übungen für Losgelassenheit, Geraderichtung, Symmetrie und Kraft. Schulterherein verbessert den Ausdruck der Vorhand und die Schultermobilität sowie das Untertreten des inneren Hinterbeins und ist eine exzellente Vorbereitung zur Versammlung. Es stärkt die Ad- und Abduktoren der Vorhand und erhöht die Geschmeidigkeit durch die Rotation und seitliche Biegung der Wirbelsäule, vor allem der vorderen Brustwirbelsäule.

Diese Bilder zeigen die Vorhand-Abduktion im Schulterherein.

Diese Bilder zeigen die Vorhand-Adduktion im Schulterherein.

Travers

Im Travers (auch Kruppeherein genannt) bewegt sich das Pferd auf vier Spuren mit Biegung in Richtung der Bewegung und der Hinterhand auf den inneren Spuren. Die Bewegung entsteht hauptsächlich durch Ad- und Abduktion der Hinterhand sowie seitliche Biegung und Rotation der hinteren Brust- und Lendenwirbelsäule. Sie fördert die Geschmeidigkeit und aktiviert die Hinterhand. Travers eignet sich besonders, um Elastizität, Reichweite und Freiheit der Hinterhand sowie seitliche Biegung und Losgelassenheit zu fördern, als Vorbereitung zur Versammlung und für die Traversale.

Hinterbeinadduktion im Travers

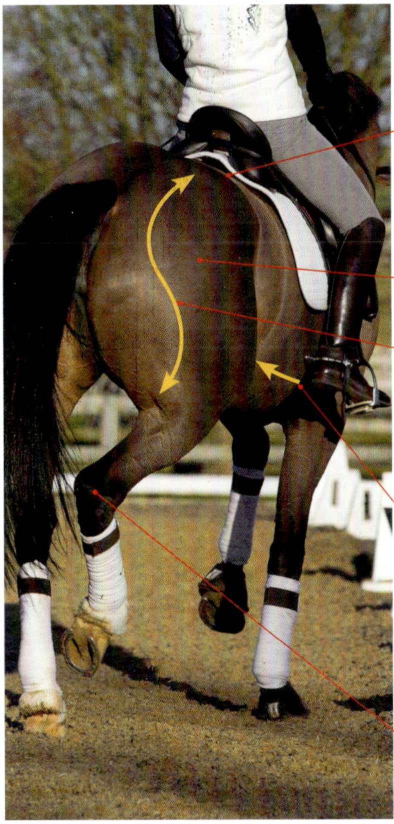

Hinterbeinabduktion im Travers

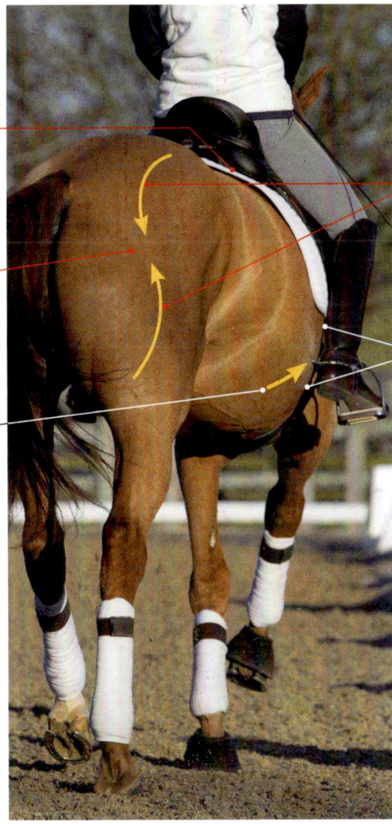

OBEN LINKS UND RECHTS *Das Pferd aktiviert die Hinterhand, wenn es mit den Hinterbeinen vorwärts-seitwärts tritt.*

Traversale

Die Traversale ist eine Steigerung des Travers, die im Schritt, Trab oder Galopp geritten werden kann. Das Hinterbein tritt bei dieser Übung weit unter den Körper, wenn das Pferd sich auf der Diagonalen vorwärts-seitwärts bewegt, während der Rumpf parallel zur langen Seite ist. Wenn beide Vorderbeine abduzieren, adduzieren in der Traversale beide Hinterbeine und umgekehrt. Die Traversale ist der anspruchsvollste aller Seitengänge, denn das Pferd muss Balance, Takt und Schwung beibehalten und ist im Unterschied zum Schenkelweichen in Richtung der Bewegung gebogen. Der Erfolg der Traversale ist abhängig von der Verlängerung der Gluteal- und Longissimus-dorsi-Muskeln auf der Außenseite der Biegung.

Abbildung 1 und 2 zeigen die Hinterhand-Abduktion in der Traversale, Abbildung 3 und 4 die Hinterhand-Adduktion.

seitliche Stellung im Atlantookzipitalgelenk

Vorhandabduktoren verlängern sich

Schultergelenk rotiert

schiefe Bauchmuskeln rekrutiert

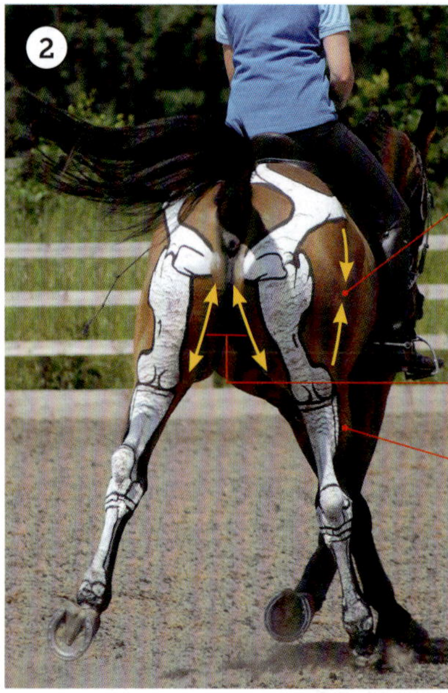

Hinterhandabduktoren verkürzen sich

Hinterhandadduktoren verlängern sich

isometrisch kontrahierende Hinterhandmuskeln stabilisieren die Gelenke vor dem Auftreten

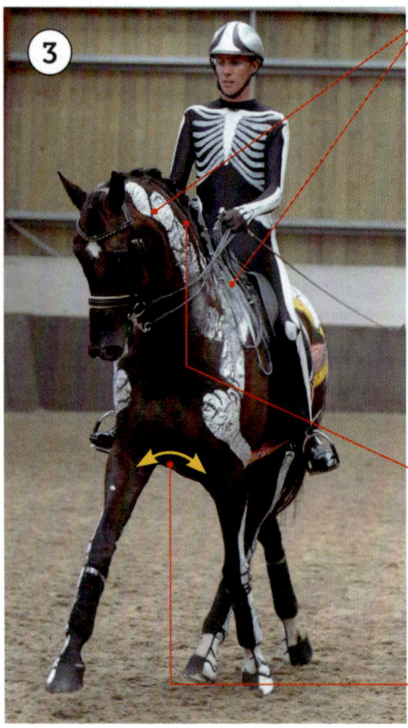

Durch die Adduktion der Hinterbeine rotiert die Wirbelsäule in der Seitwärtsbiegung entgegengesetzter Richtung. Das macht die Traversale zur anatomisch komplexen Bewegung.

Halsmuskeln kontrollieren den Grad der Biegung

Vorhandadduktoren verlängern sich

Hinterhandabduktoren verlängern sich, während sich die Vorhandabduktoren verkürzen

Hinterhandadduktoren verkürzen sich, während sich die Vorhandadduktoren verlängern

13 Stangenarbeit

Pferde aller Disziplinen profitieren von der Stangenarbeit und ihr Nutzen sollte nie unterschätzt werden. Sie fördert das Balancehalten, die Entwicklung von Takt und Energie, den Muskeltonus, symmetrische Bewegungen, die Produktion von Gelenkschmiere, die Beweglichkeit, die Propriozeption und die Huf-Hirn-Koordination. Auch für die Rehabilitation nach Verletzungen oder neurologischen Problemen ist sie geeignet. Zu beachten sind die unterschiedlichen Abstände der Stangen im Schritt, Trab und Galopp.

- Schrittstangen fördern Rückenrotation, seitliche Biegung, Kraft und Kontrolle.
- Trabstangen fördern Kern- und Bauchmuskelkraft, Rückenstabilität, Schwung und Sprungkraft.
- Galoppstangen kräftigen den Rücken und die thorakale Muskelschlinge, heben Vor- und Hinterhand und fördern die geschmeidige Beugung und Streckung des Rückens, wenn der Rumpf zwischen Vor- und Hinterhand hin- und herschaukelt.

Stangenarbeit aus anatomischer Sicht

Für maximalen Nutzen muss regelmäßig mit Stangen gearbeitet werden. Ob unter dem Reiter oder an der Hand: Das Pferd muss den Kopf frei nach unten nehmen können. So kann es einschätzen, wie und wo es seine Hufe setzen muss, hebt den Rücken und aktiviert die Bauchmuskeln. Da die Schritte bei der Stangenarbeit gleich lang sein müssen, fördert sie Geraderichtung und Symmetrie. Mit etwas Einfallsreichtum lassen sich Stangen und ihre Halterungen vielfältig arrangieren. So sorgen sie für Spaß, Abwechslung und Herausforderungen in jeder Gangart.

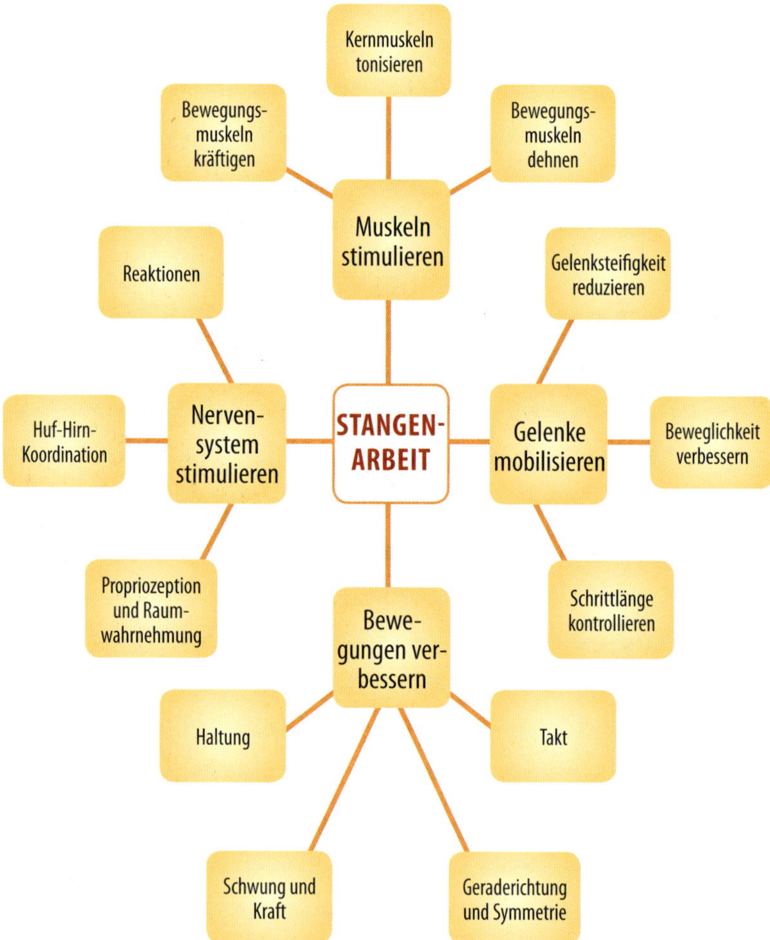

Stangenabstände

Schrittstangen 0,7–1 m
Trabstangen 1,2–1,7 m
Galoppstangen 2,6–3,2 m

Kleinere Abstände ermuntern das Pferd, den Rahmen zu verkürzen und sich zu versammeln, während größere Abstände den Rahmen verlängern und Verstärkungen der Gangart fördern.

DIE THEORIE ANWENDEN

Mit zunehmender Geschicklichkeit und Präzision verbessern sich durch die Stangenarbeit Propriozeption, Huf-Hirn-Koordination, Balance und Beweglichkeit. Da die Schritte gleichmäßig sein müssen, fördert sie Balance, Geraderichtung und Symmetrie, kräftigt die Kernmuskeln und mobilisiert den Rücken von Pferd und Reiter. Ein gründliches Verständnis der anatomischen Prinzipien lässt sich mit der Hilfe eines erfahrenen Trainers erfolgreich anwenden.

Stangenarbeit verbessert die Fähigkeiten des Reiters, da er sich im Gleichgewicht halten und das Gewicht gleichmäßig auf beide Steigbügel verteilen muss, während er einen gleichmäßigen Rhythmus in Trab und Galopp beibehält. Mit zunehmender Geschicklichkeit entsteht ein Gefühl von Selbstvertrauen, Freude und Zufriedenheit, das sich auf alle Situationen beim Reiten übertragen lässt.

Schritt über einzelne erhöhte Objekte

Senkt das Pferd den Kopf, um sich das möglichst etwa sprunggelenkhohe Hindernis anzusehen, wird der Rücken durch die Wirbelsäulenbänder getragen. Da es im Schritt keine Schwebephase gibt, muss es das Hindernis überwinden, indem es seinen Rücken stabilisiert, die Kernmuskeln rekrutiert und seine Beine hebt, anstatt den Schwung auszunutzen, wie es das im Trab oder Galopp tun würde. Dies stärkt die Muskeln, die den Reiter tragen, und hilft Pferden, die sich von Problemen an Rücken, Becken und Iliosakralgelenk oder von Rücken- sowie Bauchoperationen erholen.

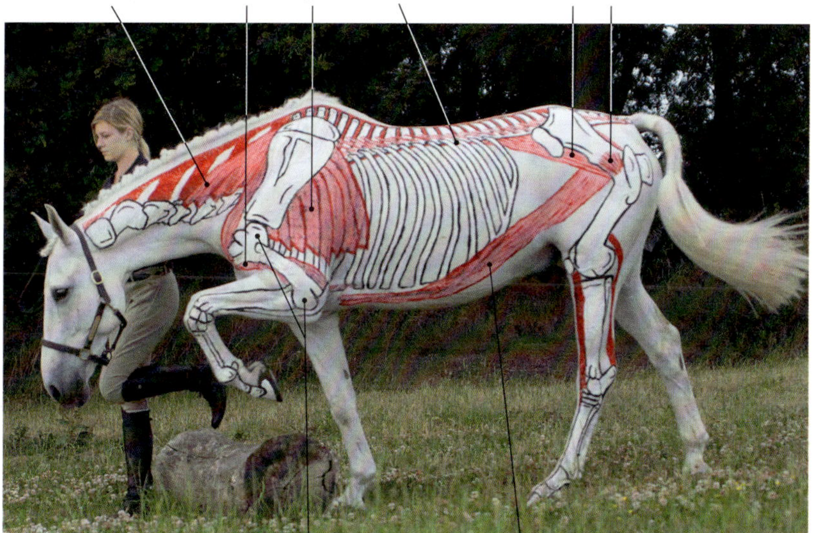

Schräg über eine Stange zu treten erfordert Konzentration. Es fördert die Propriozeption und kräftigt die thorakale Muskelschlinge, Abduktoren sowie Adduktoren.

Schrittstangen

Schritt über eine Stangenreihe verbessert die Regelmäßigkeit der Schritte und damit den Takt. Die Übung eignet sich besonders gut, um einen unregelmäßigen, fehlerhaften Schritt zu korrigieren.

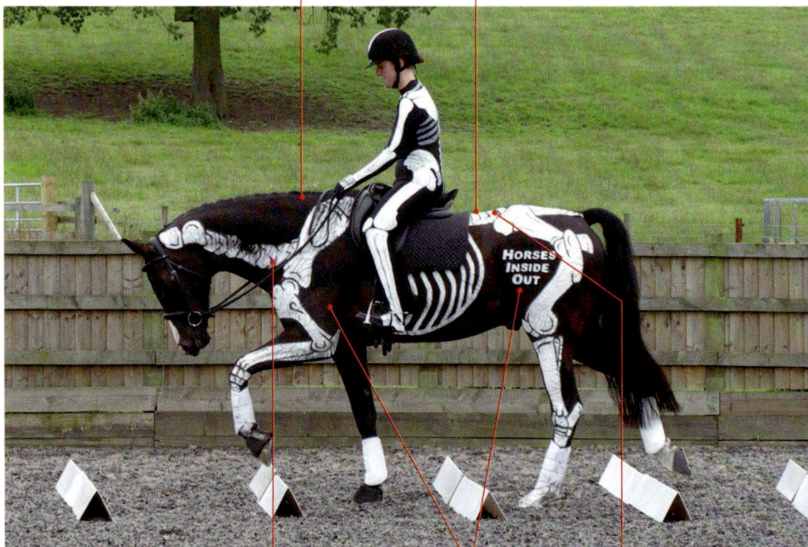

UNTEN *Die Stangen im Halbkreis anzuordnen fördert die Propriozeption und ermöglicht dem Reiter, ganz einfach die Abstände zu variieren, indem er weiter innen oder weiter außen reitet.*

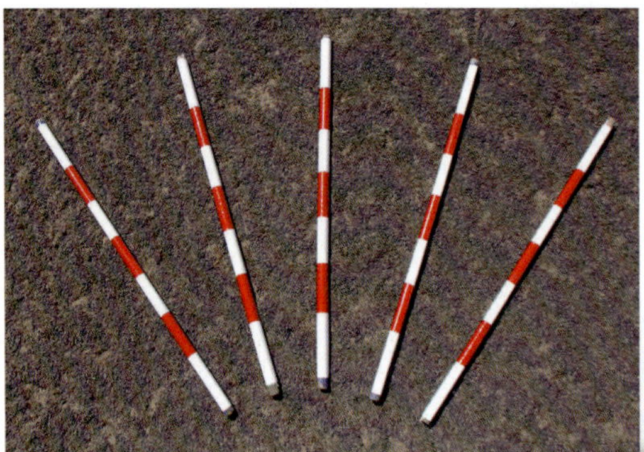

RECHTS *Die Stangen wechselseitig anzuheben verbessert die Fokussierung, die Raumwahrnehmung und die Huf-Hirn-Koordination.*

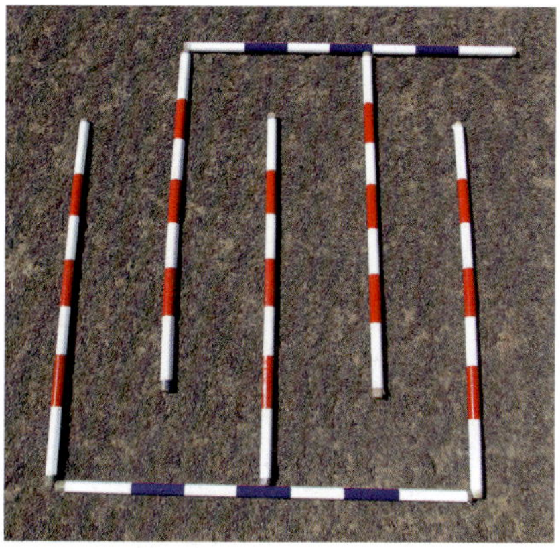

Diese Übung an der Hand verbessert die seitliche Biegung, Kernkontrolle, Koordination und Propriozeption. Das Pferd muss Vorder- und Hinterbeine näher zusammenbringen, um das Stangengitter zu bewältigen, sodass es die Kernmuskeln rekrutiert und den Rücken wölbt.

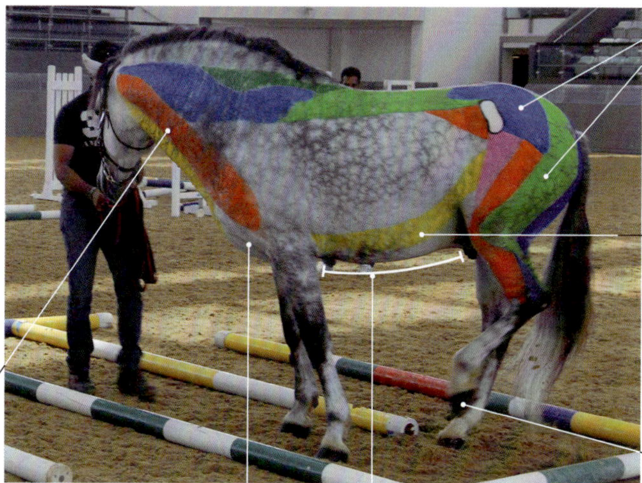

Trabstangen

Durch die Schwebephase im Trab und die stärkeren Aufprallkräfte erfordert das Traben über Stangen mehr Schwung, Beugung in den Gelenken und Sprungkraft. Da Trabstangen das Pferd zum gleichmäßigen Schieben mit der Hinterhand ermuntern, verbessern sie die Gleichmäßigkeit der Schritte, Symmetrie, Geraderichtung und Koordination. Sie eignen sich besonders für die Rehabilitation nach Verletzungen oder Lahmheiten.

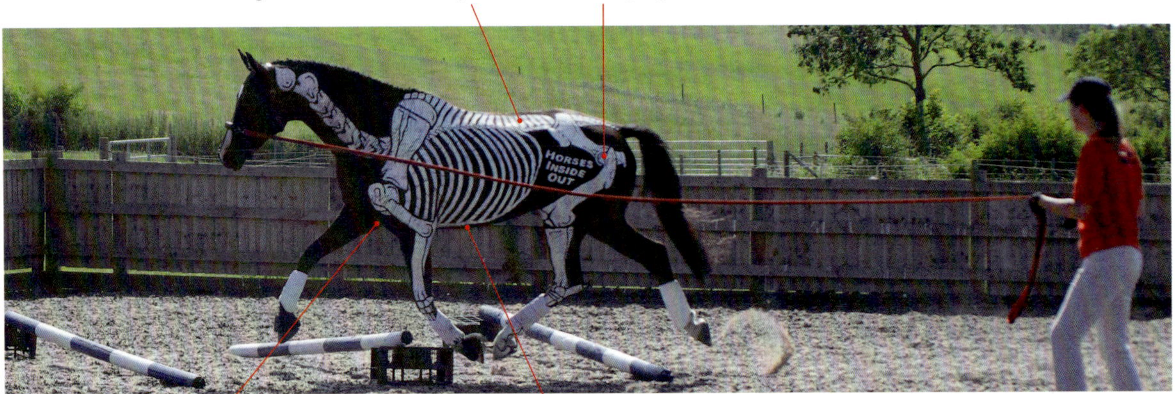

OBEN UND UNTEN *Erhöhte Trabstangen erfordern kräftige Kernmuskeln, die den Rücken stabilisieren und stärkeres Heben und Beugen der Beine ermöglichen.*

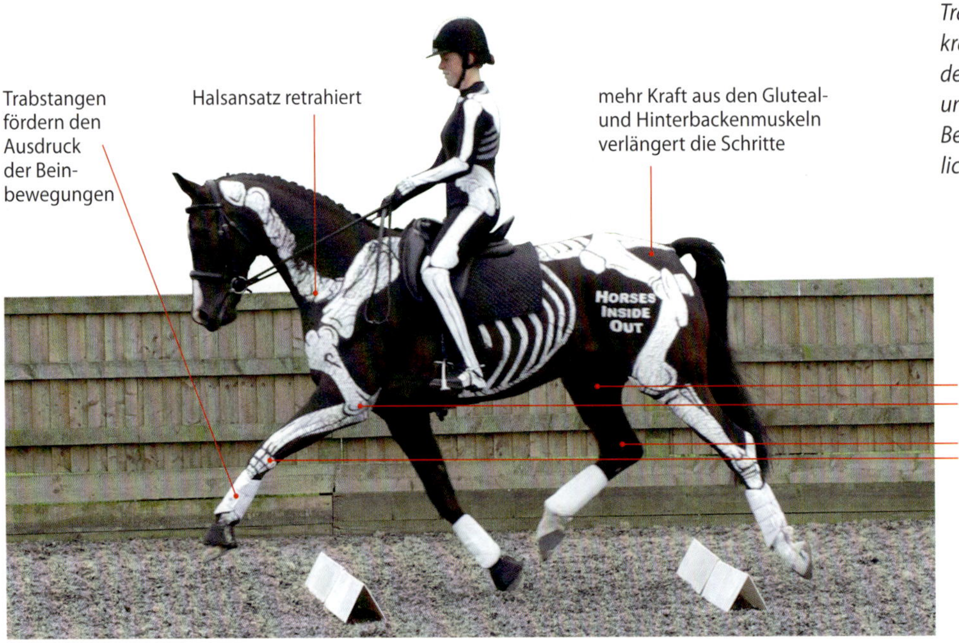

Die Stangen auf der Außenseite einer Kurve anzuheben, fördert Beweglichkeit und Reichweite des äußeren Vorderbeins. Die Übung dehnt den Latissimus dorsi und die Vorhandretraktoren, vergrößert den Bewegungsradius von Schulter- und Ellbogengelenk und hilft, ein Pferd mit asymmetrischen Vorhandbewegungen geradezurichten.

Die Stangen auf der Innenseite der Kurve anzuheben, ermuntert das Pferd, die innere Schulter zu heben, kräftigt Rhomboideus und Trapezius und verhindert das Fallen auf die innere Schulter.

Trabstangen an einer leichten Steigung kräftigen Gluteal- und Hinterbackenmuskeln, da das Pferd stärker von hinten schieben muss. Bergab zu traben erfordert mehr Kernkontrolle, Balance und Rekrutierung der thorakalen Muskelschlinge.

OBEN *Stangen auf der Außenseite der Kurve angehoben* **UNTEN** *Stangen auf der Innenseite der Kurve angehoben*

Galoppstangen

Galoppstangen beugen und strecken das LSG stärker. Sie verbessern Takt und Balance und sind besonders nützlich zum Lockern des Rückens sowie zur Rehabilitation nach Rückenverletzungen.

Größere Abstände

Über zwei Stangen zu galoppieren, die sechs bis acht Schritte voneinander entfernt liegen, gibt genügend Spielraum, um die Schrittzahl zwischen den Stangen zu variieren. Dies ist eine gute Vorbereitung für Versammlung und Rahmenverlängerung sowie für die Schrittzahlanpassung beim Springen und verbessert Takt und Regelmäßigkeit der Schritte.

Erhöhte Galoppstangen

Sie eignen sich, um:

- das Runden des Rückens, Streckung und Beugung des LSG und die Reichweite der Hinterhand zu verbessern,
- Rücken und Hinterhand zu kräftigen,
- die Vorhand stabilisierende und hebende Muskeln zu kräftigen,
- die Bauchmuskeln, Hüftbeuger und Wirbelsäulenbeugerkette zu rekrutieren und zu tonisieren,
- Wendigkeit und Koordination zu fördern,
- Rückensteifigkeit zu lindern.

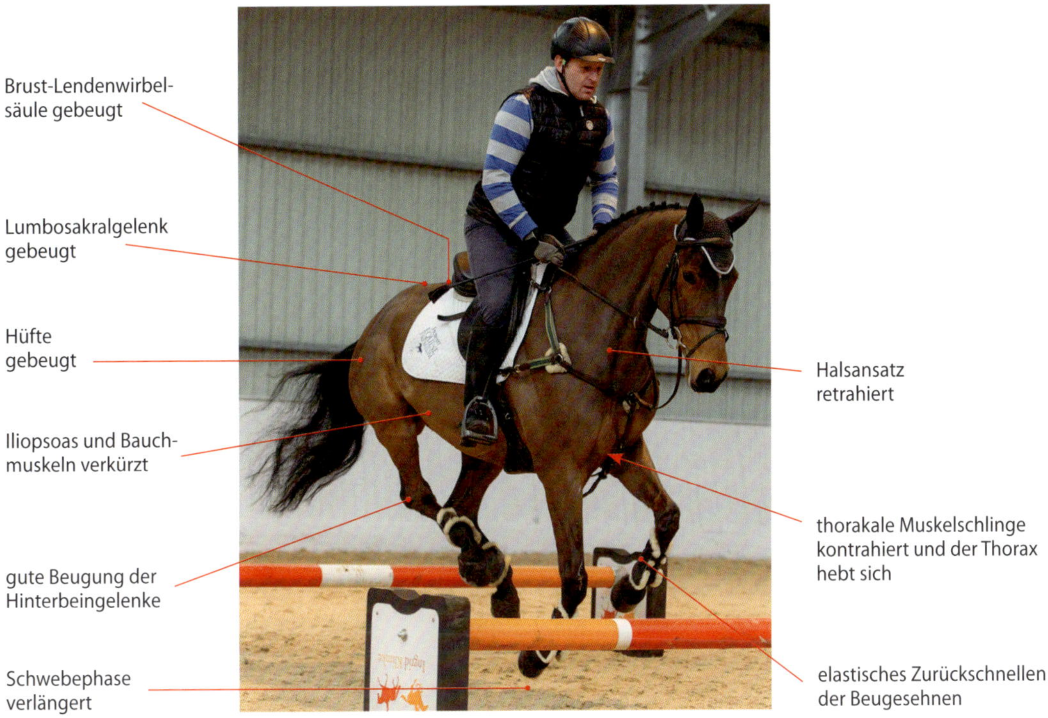

Das Anheben der Galoppstangen verändert die Schrittfolge im Galopp, da das diagonale Beinpaar nicht mehr zusammen arbeitet und das Pferd zwischen Vor- und Hinterhand „schaukelt". Dies ist eine gute Kräftigungs- und Lockerungsübung für den Rücken und dient als Vorübung für In-Out-Reihen (S. 162).

Achtung: Diese Übung eignet sich nicht für Pferde mit bekannten Sehnen- oder Bänderproblemen im unteren Bein, da sie, besonders unter dem Reiter, die Belastung der Beine erhöht.

14 Gymnastizierende Sprünge

Für einen gelungenen Sprung braucht ein Pferd Kraft, Willen und einen ausbalancierten Reiter. Das Sprungvermögen entsteht durch den richtigen Körperbau, ein gutes Verhältnis von Kraft zu Gewicht, Technik, Koordination und die Fähigkeit, Vorwärtsschub in Aufwärtsschub umzuwandeln.

Obwohl Pferde auch in der Wildnis Hindernisse überspringen, sind sie nicht dafür geboren. Ihr umfangreicher Dickdarm, die schwere Vorhand, der lange Hals und der schwere Kopf sowie die unflexible Wirbelsäule passen nicht zu den körperlichen Anforderungen des Springens. Sie erhöhen die Belastung und das Verletzungsrisiko an Knochen, Muskeln, Sehnen, Bändern und Faszien. Auch Herzkreislauf-, Atmungs-, Nerven- und Hormonsystem werden beim Springen belastet.

Wie das Pferd springt

Beim Anreiten hebt das Pferd den Kopf, um das Hindernis anzuvisieren. Es sammelt Kraft und Schwung, indem es die Hinterbeine weit unter den Körper bringt, staucht seinen Rahmen wie eine Sprungfeder, verlagert sein Gewicht nach hinten und verkürzt den letzten Schritt, um den Vorwärtsschub in Aufwärtsschub zu verwandeln. Im letzten Moment senkt es den Kopf und sinkt durch die thorakale Muskelschlinge. Die Fesseln werden durchgedrückt und die in Muskeln, Sehnen und Bändern gespeicherte Energie freigesetzt, wenn die Vorderbeine sich strecken, abstoßen und die Vorhand anheben. Jetzt kommen die Hinterbeine zusammen nach vorne und beugen sich, bevor sie kraftvoll nach oben drücken. Sind Schulter und Ellbogen gut gewinkelt, können sich die Vorderbeine gut heben und einschlagen.

Dann senkt das Pferd den Kopf und rundet seinen Rücken in der Bascule. Vor der Landung hebt es den Kopf, streckt die Vorderbeine dem Boden entgegen und streckt den Rücken. Es landet zuerst auf dem hinteren Vorderbein, dessen Fessel bis auf den Boden durchgedrückt wird, da die unteren Beinstrukturen die Hauptlast tragen. Die Hinterbeine landen zusammen, und der erste Schritt nach der Landung ist nur kurz, bevor das Pferd seinen Rhythmus wieder aufnimmt.

OBEN *Die vordere Brustwirbelregion wird während der Landung stark belastet, wenn die Dornfortsätze einen Teil des Gewichts tragen. Ein Reiter und die Einengung durch den Sattel erhöhen die Belastung.*

RECHTS *Dieses Pferd bereitet sich auf den Absprung vor.*

Vergleich der Biomechanik von Steil- und Hochweitsprüngen

Steilspünge

Einfluss von Stangen auf die Flugbahn

- Bei einem guten Absprung nah am Hindernis sind Steig- und Landungswinkel steil. Das vergrößert die senkrecht wirkenden Kräfte, die das Pferd beim Absprung erzeugen und bei der Landung abfedern muss. Je höher das Hindernis, desto größer die Kräfte.
- Hohe Hindernisse fördern das Verkürzen des Rahmens, die Entwicklung von Sprungkraft und das Heben der Vorhand.
  Nach einem steilen Sprung landen die Vorderbeine fast senkrecht zum Boden, der Kopf ist erhoben und der Rücken gestreckt, was vor allem die unteren Sehnen, Bänder und Gelenke der Beine belastet.

1. Kopf-Hals-Bewegung fördert das Anwinkeln der Vorderbeine.
2. Dehnung der Oberlinie im Hals- und Brustbereich
3. Retraktion des Halsansatzes
4. gute Schulteraktion
5. Rücken- und Glutealmuskeln tragen dazu bei, die Vorhand weiter zu heben.
6. Kraftvolle Kontraktion der Hinterhandmuskeln liefert den Aufwärtsschub.
7. Hinterbeingelenke strecken sich.
8. Beugesehnen schnellen zurück und tragen so zum Aufwärtsschub bei.

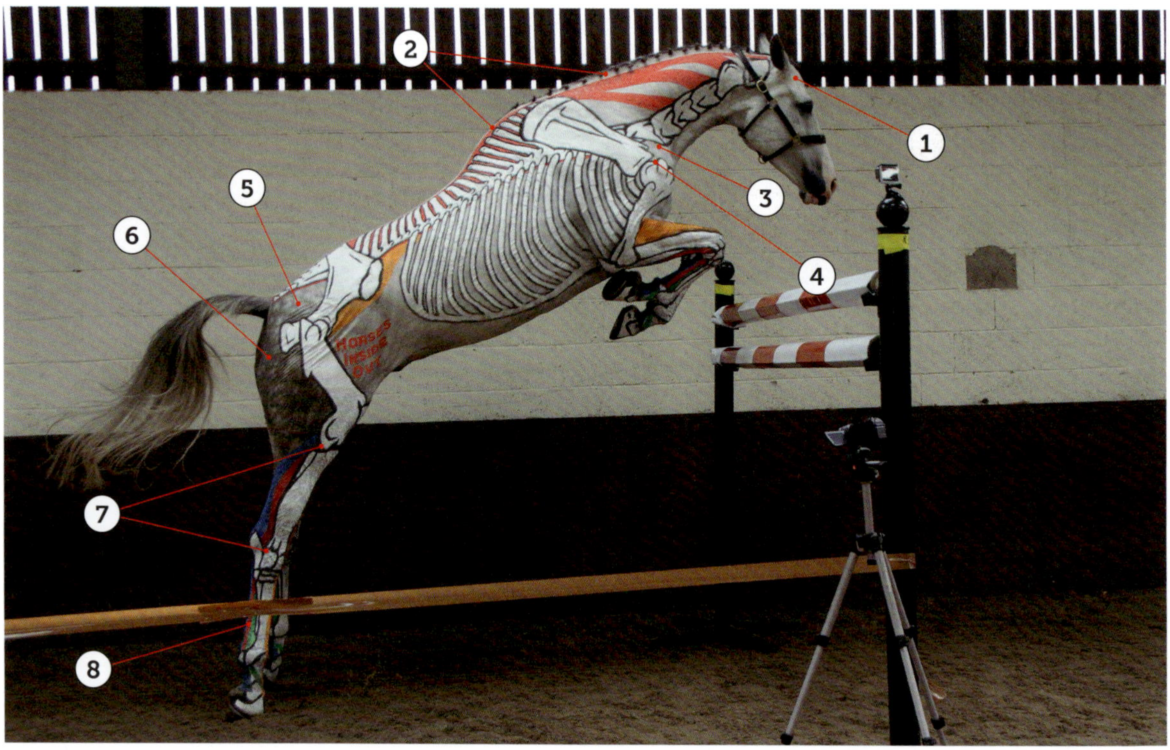

Hohe Steilsprünge kräftigen Rückenmuskeln, Glutealmuskeln und thorakale Muskelschlinge, welche die Vorhand heben.

Hochweitsprünge

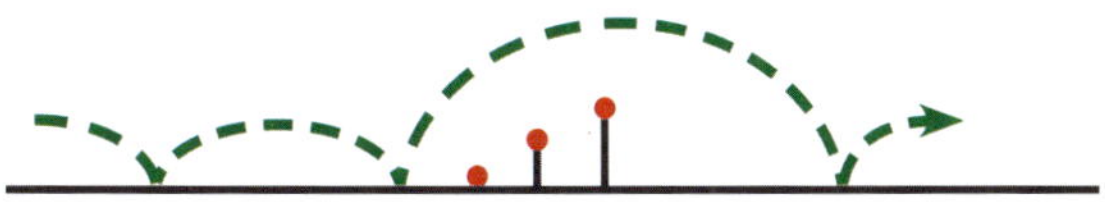

Flugbahn über eine Triplebarre

- Hochweitsprünge fördern eine schräger geneigte Flugbahn. Ist die vordere Stange niedriger, erlaubt dies einen flacheren Absprung, während ein Hindernis mit zwei gleich hohen Stangen einen steileren Absprung und präzise Vorhandarbeit erfordert.
- Ein Hochweitsprung fördert das Verlängern des Rahmens und die Dehnung der Oberlinie. Eine flachere Flugbahn hilft, Raumgriff und Schrittlänge zu erhöhen.

1. Kopf streckt sich nach vorn.
2. Hals streckt sich
3. Rücken streckt sich
4. Dornfortsätze der vorderen Brustwirbelregion aufgefächert
5. Lumbosakralgelenk gestreckt
6. gute Gelenkaktion beim Zurückschnellen der Hinterhand
7. Muskeln gedehnt

Hochweitsprünge kräftigen Gluteal- und Hinterbackenmuskeln für mehr Vorwärtsschub.

Springtraining aus anatomischer Sicht

Die meisten Pferde können ihre Springleistung durch gezieltes Fördern der Muskelkraft und der allgemeinen Fitness sowie Übungssprünge verbessern. Für Gymnastiksprünge braucht das Pferd:

- gut konditionierte Gluteal-, Hinterbacken- und Biceps-femoris-Muskeln,
- gut tonisierte Thorakalschlingen- und Tricepsmuskeln,
- eine bewegliche Wirbelsäule,
- eine starke Iliosakralregion,
- gut gewinkelte Fesseln und starke Beine zum Abfedern der Kräfte,
- einen geschmeidigen Hals als Gegengewicht.

Ist das Pferd beweglich und fit genug, fördert das Springen:

- die Verbesserung der oben genannten anatomischen Voraussetzungen,
- Muskelkraft, Elastizität und Kontraktionsgeschwindigkeit,
- Raumgriff und Ausdruck,
- Kernstabilität, Balance und Takt,
- Geschmeidigkeit und Beweglichkeit,
- Huf-Hirn-Koordination, Propriozeption und Trittsicherheit,
- schnelle Reaktionen, Reflexe und sportliche Gewandtheit.

Einflüsse auf die Rückenbewegung beim Springen

Aufgrund der mechanischen Belastung für den Bewegungsapparat sollte das Springen Teil eines strukturierten Trainingsprogramms sein und keine tägliche Aktivität. Höhe, Breite, Art und Form der Hindernisse, der Abstand zwischen den Sprüngen, die Richtung des Anreitens und die Geschwindigkeit beeinflussen die Bewegung des Pferdes über dem Hindernis und den Effekt auf den Bewegungsapparat.

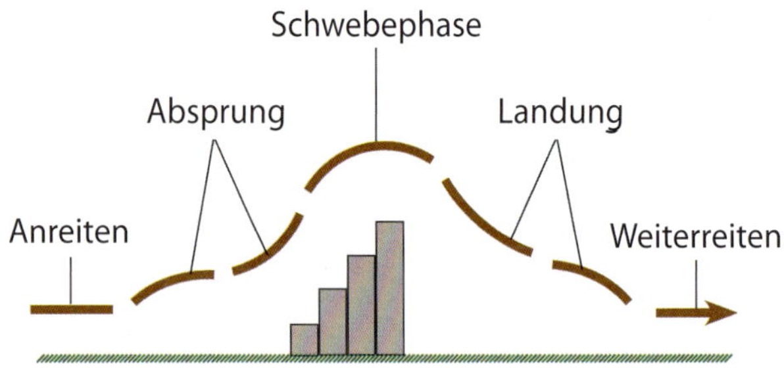

Die Zeichnung illustriert die Rückenbewegung über dem Hindernis. Beim Sprung streckt und beugt sich der Rücken sehr stark. Deshalb können Springpferde zwar einen geschmeidigeren, beweglicheren Rücken haben, aber auch mehr Rücken- und Iliosakralprobleme als andere Pferde.

DIE THEORIE ANWENDEN

Springen macht Spaß. Um sicher und erfolgreich zu springen, muss der Reiter in perfekter Harmonie mit dem Pferd bleiben. Im leichten Sitz auf den Fußballen in den Bügeln zu stehen hilft, unabhängig in Balance zu bleiben. Zusammen mit dem Verständnis der Biomechanik hilft dies dem Pferd, Kopf, Hals und Rücken frei und korrekt zu bewegen. Ein guter Trainer kann die Möglichkeiten von Pferd und Reiter einschätzen und ein Trainingsprogramm empfehlen, das sich mit Freude bewältigen lässt, sowie sicherstellen, dass der Reiter in der richtigen Position bleibt, damit das Pferd die besten Erfolgschancen hat, unabhängig von seinem Alter, dem Trainingsstand oder der Springdisziplin.

Stangen platzieren

Stangen im Absprungbereich beeinflussen Takt, Balance und Absprungpunkt. Sie helfen, die Entfernung einzuschätzen und trainieren das Auge von Pferd und Reiter. Eine einzelne, richtig positionierte Absprungstange:

- bringt das Pferd zum richtigen Absprungpunkt,
- fördert die Rahmenverkürzung,
- bringt die Hinterbeine im letzten Galoppsprung zusammen unter den Körper,
- treibt das Pferd nach oben und nach vorne,
- maximiert den Einsatz der Glutealmuskeln beim Heben der Vorhand,
- streckt die Hüfte,
- verstärkt die Beugung in Rücken und LSG.

Landestangen

Eine mindestens 3,20 Meter vom Hindernis entfernte Landestange lässt das Pferd langsamer werden, seinen Kopf runternehmen und den Rücken über dem Sprung runden, wenn es die Stange anschaut. Sie fördert eine steilere Parabel, falls das Pferd dazu tendiert, zu weit und flach zu springen. Eine korrekt platzierte Landestange lässt das Pferd seinen Körper bei der Landung komprimieren und die Hinterhand weit unter den Rumpf bringen, um sich direkt wieder abzustoßen.

Der Bewegungsapparat in In-Out-Reihen

Galoppiert das Pferd durch eine In-Out-Reihe (mit 3,50 m Abstand für ein Pferd mit 165 cm Stockmaß und durchschnittlicher Schrittlänge), werden die abhebenden Vorderbeine sofort durch die auffußenden Hinterbeine ersetzt. Diese Schaukelbewegung erfordert Kraft, Beweglichkeit, Geschicklichkeit und Reaktionsschnelligkeit.

In-Out-Reihen fördern Gelenkbeweglichkeit und Muskelkraft, Geschmeidigkeit des Rückens und des LSG, Sprungtechnik und Geschwindigkeitskontrolle. Sie eignen sich nicht für Pferde mit Rückenschmerzen, Sehnen- und Bänderproblemen oder nach Verletzungen.

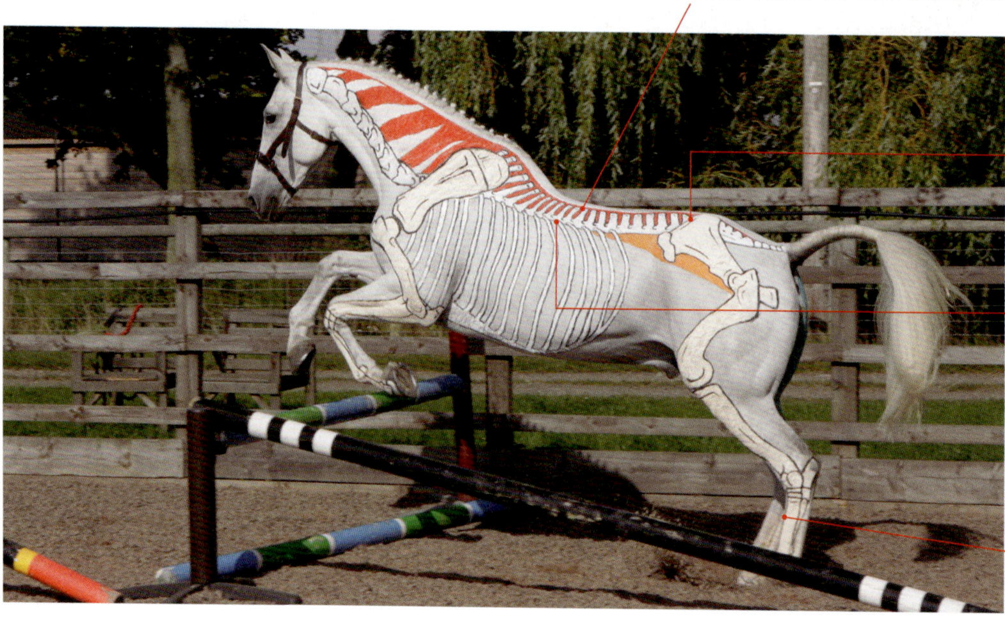

Dornfortsatz-Zwischenräume verkleinert
Lumbosakral-
gelenk gestreckt
Hüftgelenk
gestreckt
Iliopsoasgruppe
gedehnt

Halsansatz protrahiert
Brustkorb in Relation zum Schulterblatt gesenkt
Lumbosakral-
gelenk gebeugt
Iliopsoasgruppe
verkürzt
Hüfte, Knie und
Sprunggelenk
gebeugt

Einfluss von In-Out-Reihen auf die Muskulatur

Eine In-Out-Reihe erhöht das auf die Beine wirkende Gewicht, da die nach unten wirkende Kraft beim Landen direkt wieder in aufwärtsgerichtete Kraft für den Absprung umgewandelt werden muss. Diese Art Gymnastiksprünge verlangt den Muskeln ihre ganze Beweglichkeit ab und macht sie geschmeidig, da sie sich schnell und effizient mit maximaler Kraft kontrahieren müssen. Dieses unschätzbare Kräftigungs- und Konditionierungstraining, bei dem exzentrische, konzentrische und isometrische Muskelarbeit gebraucht wird, kann Pferden jeder Disziplin helfen, ihre Leistung zu steigern.

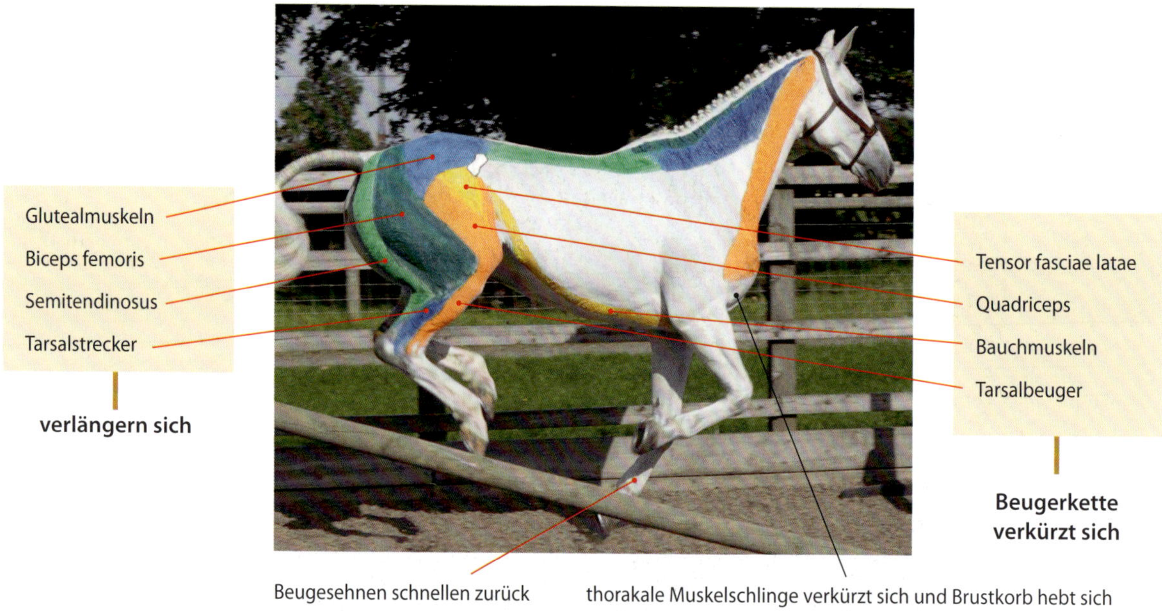

Hinterbacken-
muskeln
verkürzen sich
hintere Beuge-
sehnen
schnellen
zurück
Rhomboideus
Splenius
heben den Hals
Bauchmuskeln
Hinterhand-
protraktoren
verlängern sich

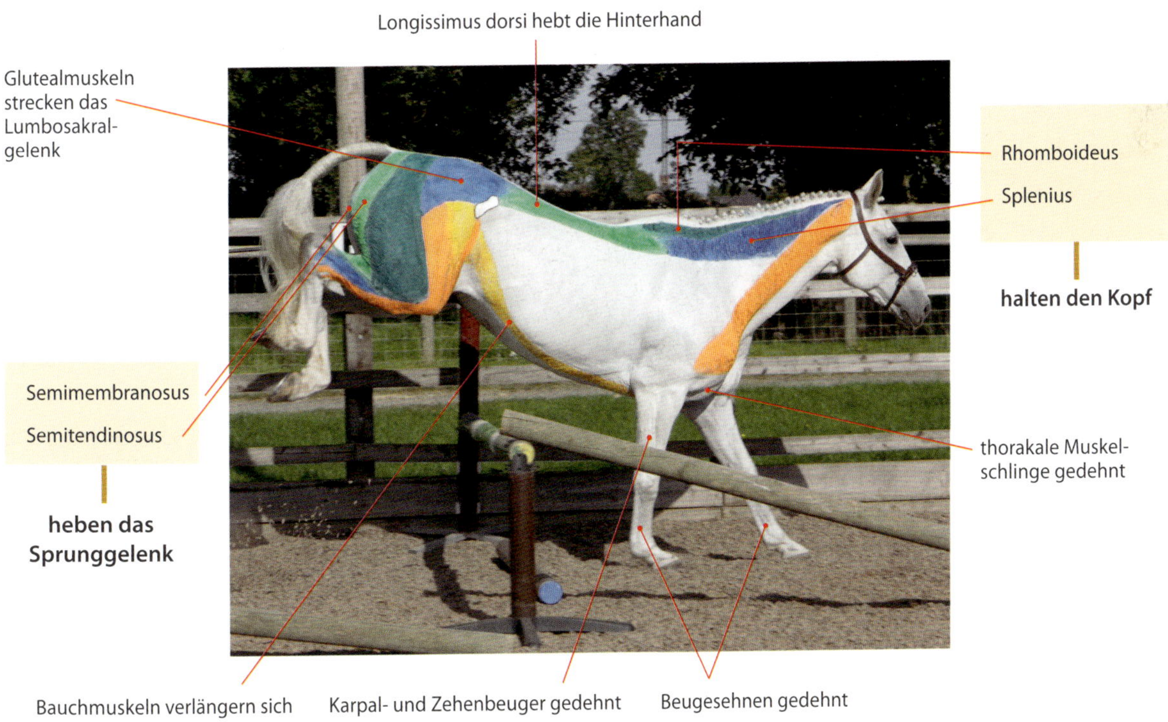
Longissimus dorsi hebt die Hinterhand
Glutealmuskeln
strecken das
Lumbosakral-
gelenk
Semimembranosus
Semitendinosus
heben das
Sprunggelenk
Rhomboideus
Splenius
halten den Kopf
thorakale Muskel-
schlinge gedehnt
Bauchmuskeln verlängern sich
Karpal- und Zehenbeuger gedehnt
Beugesehnen gedehnt

Gymnastizierende Sprungkombinationen

Sprungkombinationen vereinen die biomechanischen Vorteile von In-Out-Reihen, Steilsprüngen und Hochweitsprüngen. Die Kombinationen sollten mit einem klaren Ziel vor Augen aufgebaut werden, denn viele Variationen von Hindernisart, Abstand und Kombination mit Bodenstangen sind möglich. Sie sollten muskuläre Stärken und Schwächen, Alter, Trainingstand und skelettale Reife berücksichtigen, dem Pferd Selbstvertrauen schenken und die Bedürfnisse des Pferd-Reiter-Paares individuell berücksichtigen.

Kurze Abstände zwischen den Hindernissen lassen das Pferd näher am Hindernis abspringen, fördern verkürzte Galoppsprünge, eine steile Flugbahn über dem Sprung, und helfen, Kraft und Takt zu entwickeln. Größere Abstände, bei denen das Pferd weiter vom Hindernis entfernt abspringt, fördern Galoppverstärkungen und Rahmenverlängerungen.

Dieses Pferd springt das letzte Hindernis einer Kombination mit kurzen Abständen, die es ermuntern sollte, sich zu verkürzen, zu verlängern, seine muskuläre Kontrolle zu verbessern und einen kraftvollen Sprung zu entwickeln. Die Kombination bestand aus einer Absprungstange vor einer In-Out-Kombination zum Verkürzen und für die Rückenbeweglichkeit, einem kurzen Galoppsprung vor einem Steilsprung zum Fördern der Schulteraktion und schließlich einem kurzen Galoppsprung vor dem Karree-Oxer für mehr Kraft und Energie.

Dieses Pferd springt das letzte Hindernis einer Dreierkombination mit größeren Abständen, die es ermuntern sollte, mehr Raumgriff und Vorwärtsschub zu entwickeln. Die Übung bestand aus einem Steilsprung, drei raumgreifenden Galoppsprüngen vor einem Karree-Oxer, gefolgt von drei raumgreifenden Galoppsprüngen zum letzten Steilsprung.

Gymnastizierende Sprungkombinationen in verschiedenen Variationen können:

- die Qualität und die Anpassungsfähigkeit des Galopps verbessern,
- Versammlung, Kadenz und Kontrolle fördern,
- Schrittlänge, Raumgriff und Kraft erhöhen,
- die Technik verbessern,
- Brust-Lendenwirbelsäule, LSG, Beuger- und Streckerkette kräftigen und geschmeidig machen,
- Vor- und Hinterhandbeugung verbessern,
- mithilfe isometrischer, konzentrischer und exzentrischer Kontraktion die Muskeln konditionieren,
- den Schwung erhöhen,
- zu mehr seitlicher Geschmeidigkeit, Biegung, Balance sowie zu anpassungsfähiger und kontrollierter Kernstabilität beitragen,
- vielseitiges und sicheres Springvermögen fördern

Hindernisse im Schenkelweichen, Schulterherein oder Travers anzureiten und schräg zu springen, macht Pferd und Reiter aufmerksamer. Es verbessert Geraderichtung, Seitengänge sowie die Qualität des Galopps und macht das Pferd geschmeidiger.

ZUSAMMENFASSUNG

Wie alle in Teil 2 vorgestellten Übungen sind auch die Gymnastiksprünge nur ein Anfang, der Ihnen ermöglicht, die Auswirkungen Ihres Leistungs- und Haltungstrainings auf alle Organsysteme Ihres Pferdes, nicht nur den Bewegungsapparat, das Herzkreislauf- und das Atmungssystem, zu berücksichtigen. Mit Ideenreichtum können alle Übungen aus diesem Buch alleine oder mithilfe eines erfahrenen Trainers angepasst, weiterentwickelt und auf das Alter, die Umstände, die Möglichkeiten und den Trainingsstand jedes einzelnen Pferdes abgestimmt werden. Verständnisvoll, geduldig und einfühlsam zu reiten, mit dem Wohlergehen, der Anatomie und der Haltung des Pferdes im Hinterkopf, schenkt dem Pferd die beste Chance auf ein erfolgreiches, gesundes und glückliches Leben. Uns Reitern schenkt es Freude und Zufriedenheit über eine gute Arbeit.

Balance und Beweglichkeit verbessern

96 Seiten

Die Vielseitigkeitsreiterin und Physiotherapeutin Gillian Higgins beschreibt auf anschauliche Art die besten Übungen für Stretching, Faszientraining und Muskelaufbau vom Boden aus. So bleibt der Pferderücken gesund und locker. Das Buch besticht durch den klar strukturierten Aufbau in Doppelseiten, die prägnanten Texte, Schritt-für-Schritt-Fotoanleitungen und anatomische Übersichten von Skelett, Muskulatur und inneren Organen. Das Plus zum Buch: Die kostenlose KOSMOS-PLUS-App mit Filmen zu ausgewählten Übungen.

Die DVD zeigt über 30 leicht nachvollziehbare Übungen, mit denen jeder Reiter sein Pferd gymnastizieren und beweglich halten kann. Dabei werden Koordination, Gleichgewicht, Nachgiebigkeit und Muskelaufbau effektiv gefördert und verbessert. Gillian Higgins hat die gezeigten Pferde in ihrer bekannten Weise mit dem Knochen- und Muskelsystem bemalt, dadurch wird noch verständlicher, welche Körperbereiche trainiert werden.

DVD

kosmos.de